束与分的变奏

SHU YU FEN DE BIANZOU HUANGHE ZHILI JIANSHI

黄河治理简史

赵炜 著

青海人民出版社

图书在版编目（ＣＩＰ）数据

束与分的变奏：黄河治理简史 / 赵炜著 . -- 西宁：
青海人民出版社 ,2023.7
ISBN 978-7-225-06514-4

Ⅰ . ①束⋯ Ⅱ . ①赵⋯ Ⅲ . ①黄河—河道整治—史料
Ⅳ . ① TV882.1

中国版本图书馆 CIP 数据核字（2023）第 103460 号

束与分的变奏：黄河治理简史

赵炜　著

出 版 人　樊原成
出版发行　青海人民出版社有限责任公司
　　　　　西宁市五四西路 71 号　邮政编码：810023　电话：（0971）6143426（总编室）
发行热线　（0971）6143516 / 6137730
网　　址　http://www.qhrmcbs.com
印　　刷　西安五星印刷有限公司
经　　销　新华书店
开　　本　890 mm × 1240 mm　1/32
印　　张　8.875
字　　数　180 千
版　　次　2023 年 7 月第 1 版　2023 年 7 月第 1 次印刷
书　　号　ISBN 978-7-225-06514-4
定　　价　58.00 元

序

陈维达

辛丑年年末，一场鹅毛大雪悄然覆盖了中原大地。雪后初霁，天空晴朗，原野无垠。"牛马年、好耕田"，大自然似乎用雪的润泽来总结牛年一年的丰收并征兆即年的顺意。就在此时，河南黄河河务局的赵炜先生将他的又一部书稿《束与分的变奏——黄河治理简史》的电子版传给了我，叮嘱我仔细看看，多提宝贵意见，并且吩咐我，为此著写篇"序"。关于"序"的事，我未敢贸然答应。但是作为黄河水利委员会的史志专家，赵炜先生的博学、勤奋、文笔练达，我是深知的，且一部以黄河治理为主线的著作，仅书名便极大地吸引了我。壬寅赓续辛丑，过年的意味越来越浓郁，"虎虎生威""如虎添翼""龙腾虎跃"等吉祥祝福词语，在岁末年初时时跳入眼帘。于是，我就着过年的气氛，开始一页一页地品读《束与分的变奏——黄河治理简史》这部约20万字的专著。

中原的年味有如一部丰厚深邃的通史，反之，读一本好书，也如好酒过年一般沁人心脾。

余观乎《束与分的变奏——黄河治理简史》，实乃一部经贯数千年文明、纬织黄河下游两岸的治理史说集。

怎讲？

一是纵贯中国史的治河历程。洪水的传说是与人类童年相伴生的。在没有文字记载之前，人们口口相传的，除了日常生存必需的技能外，关于洪水的记忆，大约是中西方那遥远的同一时代共同的最恢宏的传说史话了。西方神话传说中的诺亚方舟，说的是地球另一侧的人们是如何逃离洪水的；而在东方的传说中，无论是大禹还是大禹之前的共工、鲧，都是在努力顽强地与危害人类的洪水灾害做着抗争。他们筚路蓝缕，坚忍不拔，进行各种探索和实践，共工"壅防百川"，鲧"鲧障洪水"，大禹"疏川导滞"，等等。《束与分的变奏——黄河治理简史》这部著作，就从人类童年洪水纪事开始，从共工治水开始，从中华民族文明史初创开始，春秋战国、秦皇汉武、唐宗宋祖、康乾盛世，一路娓娓道来，一直讲到清末黄河最后一次大改道。这里面，系统叙述了人们"跑、壅、堵、障、疏、分、束、综合治理"等措施，这些措施，有成功的辉煌，也有失败的悲剧，而更多的是，管中窥豹，透过这些实践探索，了解古人先贤对这条最为复杂难治河流规律的不断认识，感知母亲河滋养两岸文明发展的步伐，表现中华民族百折不挠的精神风貌，让读者我汲取营养，为之一振。

二是通书还贯穿着读史之思辨。赵炜先生是黄河水利委员会为数不多的始终从事着治河史志研究的学者，用学富五车来形容，似乎也不为过。他善于学习，勤于思考，因而融会贯通布于全书。在叙事历史时，引经据典，丝毫不苟；总结概括故事时，见解独到，慨叹深邃。比如说，在叙述到堤防溃决的原因时，既指出客观条件之制约，又兼具挖掘人为因素后之喟叹，较深入地分析了堤防与人防的内在关系。又比如，在讲述了历史上"水"与"堤防"互利互用之关系时，书中写道："变革的代价是巨大的，也是残酷的，是在战歌声中进行的。河流山川既是战争的舞台，也是战争的工具。为了富国强兵，谋水之利，河流、湖泊的开发利用成了首选目标；为了战役的胜利，审时度势，利用山川形便，河流又成了战争的重要帮凶。"正应了古人所谓"水可载舟，亦可覆舟"的道理。除此外，书中还较多地讲述了关于黄河的一些学说悬案，耐人寻味，如讲东汉王景治河，史上有"十里立一水门"之记载。但是，如何十里便立一水门，语焉不详。对此，作者淘尽所读所研之史书，为之描述分析，且终而留下悬念，令读者自己去继续考证。

三是本书在叙事方面，既见事，也见人。透过本书若干历史事件，颂扬民族的脊梁，让人增强民族自豪感，同时以史为鉴，以治河上正反人物为例，警示后人做人做事，必以国家人民利益为上。唐人魏征有句名言："以铜为镜可以正衣冠，以史为镜可以知兴替，以人为镜可以明得失。"此前，读治河之史，不同之书有不同内容，而今之《束与分的变奏——黄河治理简史》，在旁征博引大量史实之上，作者笔下游刃有余，不忘褒奖史上人物。

这些人物中，多有我们中华民族数千年来孜孜不倦、忍辱负重的英雄，从帝王将相到饱读之士再到布衣百姓，笔墨或重或浅，几乎无所遗漏。读这些人物时，我想起人们常说的那句诗样的言语：哪里是什么岁月静好？只是有人为我们撑起了一片蓝天而已。而那些借治河之机，贪污公帑，昏庸懒惰之辈，也被以爱憎分明的春秋铁笔牢牢地钉在历史的耻辱柱上，以警来者。

撰写一部动辄数十万言的史书，其艰辛苦恼是难以描述的。其中的设想、构思、查阅、考证及至初成再到雕琢，赵炜先生不知其费几番工夫几缕青丝，最终，他呈现于我们面前的，竟是这样一部以史为鉴的治黄简史。读之如黄河之浪涛汹涌澎湃，读之如黄河之泥沙感慨几重，读之如岁月匆匆青灯几何。好在，牛年是收获之年，作者春之耕耘，伴随着秋之狂飙，硕果落地，让读者尽享这读书读史的美味甘醇。

让我们静听寅年之虎啸吧。

壬寅年二月初二

前　言

回顾本书的创作，可谓漫长而又曲折。其难点，主要是在文本的构思阶段。

纲举目张，尤其是史学著作，缺了一个好的大纲，犹如无源之水、无本之木。限于阅读的匮乏，研究的深度不够，加之要在可读性上做些文章，不得不一次次推倒重来。增加阅读量，重新审视和梳理已有研究成果，大胆借鉴好的作品，不断精雕细琢，才逐步走出困境，有了大致的轮廓，有了明晰的章目结构。这一晃，3年多就过去了。

巧妇难为无米之炊。构思难，创作也不顺利，主因还是占有史料有限。断断续续又是两年。其间，有选题的问题，也有资料难求和创作遇到瓶颈的问题。逢山开路，遇水架桥，总算一步步走到了收稿阶段。眼看曙光在即，工作上的事又摆脱不开，又是一年过去了。还好，有众多同仁的关爱，是他们的意见、建议，使初稿质量有了明显的提升。

事因人生，人因事显。黄河的治理开发，离不开国人的努力。正是众多先贤的不懈探索、创新，才有了今天较为完备的黄河防洪体系，实现了人民治黄70余年伏秋大汛不决口的人间奇迹。

创作的过程，也是学习的过程，更是感动的过程。在国人与洪水的抗争中，束与分的变奏，成为黄河治理史上的主旋律。"束"，即修筑堤防，让滚滚洪水按人的意志畅泄入海。"分"，也有人工干预的成分，就是多给洪水出路，谋求先机，避免更大的损失。但黄河治理并不仅仅局限于此，其复杂性、艰巨性及其所带来的巨大挑战，在不断激发治河人智慧的同时，更多的是务实的经验总结和大胆的创新实践，努力在与洪水、泥沙的搏击中杀出一条通向黄河长治久安的血路来。

先秦时期的史料尽管单薄，但从极简的文字记述中，也让我们透视到了国人为战胜洪水所付出的艰辛，以及在堤防这一重大创举上所经历的艰难曲折。传说中的共工、鲧、大禹，及管仲、白圭等都是该时期的代表人物。他们为堤防的初创，作出了卓越贡献。汉宋时期，黄河在我国经济社会的发展、稳定中，好似"定海神针"。尤其在漕运方面，有着不可撼动的地位。黄河的治与乱，成为国人最为关切的现实问题。瓠子堵口，汉武帝亲临指挥；王景治河，"千年无患"；"三次回河"，宋朝皇帝、大臣争议不断等等，都一次次将黄河问题推向风口浪尖，置于国家战略层面。堤防——作为治理黄河的重大工程举措，也一次次成为国人关注的焦点，并在巨大的争议声中不断前行。堤防堵口，首创了立堵、平堵技术;兴建"八激堤",埽工雏形显现。每一次河工技术的创新发展，都将堤防工程建设提高到了一个新的水平。但在与洪水的抗争中，面对一次次灾难的沉重打击，犹如难以驱除的噩梦，始终困扰着国人。修建堤防的巨量投入值吗？可不可以放任黄河自流？怎样与黄河和谐相处？这样的问题，不断在拷问着世人，尤其是身处一线的治河人。直到潘季驯的出现，国人才对堤防工程有了更加深刻而又正确的认识。

黄河是中华民族的摇篮、"母亲河"。除有先民们最早生活在这片热土，并最终成就了黄河流域 3000 多年的政治、经济、军事、文化中心的因素外，更与黄河在我国经济社会发展中所发挥的重要作用是分不开的。如鸿沟水系的开挖，不仅极大地改变了当时黄河下游的交通状况，促进了华北地区的经济繁荣，在很大程度上也影响和促进了我国政治历史发展进程。漕运盛，国运倡。此后，以汴渠的开发建设为重点，历经汉、唐、宋等多个朝代 1500 余年，黄河漕运成为我国经济社会发展史上的耀眼之星。当然，更加突出的还是这条大河在粮食生产等民生问题上所发挥的重要作用。另外，在唐以前，黄河数十年，乃至上百、上千年决口改道一次，所产生的负面影响与其对中华民族的巨大贡献而言，是完全不可相提并论的。

五代至民国，黄河灾患加重，乃至被国人视为中华民族的忧患。究其原因，一是随着泥沙的淤积，长期以来分流、调蓄黄河洪水的济水、漯水等支流及众多湖泊逐步消失，导致下游决、徙频率加快。"三年两决口，百年一改道"，就是对黄河在该时期决口泛滥的形象描述。二是大伾山的塌退，河道南滚，导致决、溢上堤，一次性灾害所毁灭的面积越来越大、影响越来越重。三是国家政治、经济中心的北迁、南移，确保京杭大运河畅通成为黄河治理的首要目标。迫于严峻的形势，受制于低下的生产力水平，如何全面提高堤防工程建设的防洪效能，再次成为历代封建王朝不可忽视的重大问题，并成就了"千载识堤第一家"——潘季驯的辉煌业绩。堤防工程至此进入了发展的快车道，并奠定了在黄河治理中的重要地位。到了清代，更是成为治河工程措施的首选。

"分"的历史也很精彩，并一度成为治河的重要手段，但最终抛弃的原因，主要还是黄河多沙的症结所在。事实上，河流的自然涨落大多与"分"有关。位处下游的支河、湖泊，都是分流洪水、滞蓄洪水的天然渠道。五代以前，黄河洪涝灾害相对较轻，即与此相关。因此，本书将堤防的形成、发展作为主线，渐次展开宏大的古代黄河治理历史。当然，治河难"分"，并不能表明这一古老的治理方策就一无是处。其成功的运用，突出地体现在新中国淮河治理上。洪泽湖以下，处理暴涨的淮河洪水，采取的主要工程措施就是多渠道分流。

"黄河宁，天下平"，"让黄河成为造福人民的幸福河"。在中国共产党的领导下，古老的堤防焕发了青春。经过70余年的不断培修、加固，下游两岸千里堤防，已成为确保黄河岁岁安澜的钢铁长城。目前，我国已建成江河堤防近30万千米，仅黄河下游堤防就达1400多千米，在防洪保安的同时，在生态环境等方面也发挥着越来越重要的作用。

在该书即将出版之际，首先要感谢青海人民出版社和该社副总编辑戴发旺先生，是他们对"母亲河"的深爱，才有了这个机会。还要感谢河南黄河河务局党组书记、局长张群波，河南黄河河务局原党组书记、局长王渭泾，黄河水利委员会黄河工会原常务副主席陈维达，黄河水利委员会办公室副主任白波，河南黄河河务局防汛办公室原调研员成刚等，是他们的鞭策、鼓励，才有了这么好的结果。

赵　炜

2022 年 5 月

目　录

第一章
绪　论

一

黄河史上最初的防洪工程，可上推至 4000 年前的原始社会。
"逐水草而居"的先民们为防止洪水侵害，用"水来土挡"的办
法修筑一些简单的堤埂，把居住区及附近的耕地保护起来。共工
氏"壅防百川"和"鲧障洪水"的传说，就是对该方式的形象描
述。禹治水时，采用了疏导法，即所谓"高高下下，疏川导滞"。
大禹以水为师，能够根据水流运动的客观规律，因势利导，疏浚
排洪，比共工氏和鲧的治河方法前进了一步，实现了从单纯的消
极的防洪到积极治河的转变。

真正意义上的堤防工程，至少在西周时就已出现。"防民之口，
甚于防川，川壅而溃，伤人必多。"从该警语所表述的内容上看，
当时的堤防应小有规模。到了春秋中期，堤防已较为普遍。中原

诸侯国之间盟约中提到的"毋曲防、无曲堤""无障谷、毋壅泉"等，指的就是不要沿河筑堤，不许拦河筑坝，堵塞河道。战国时，诸侯国"壅防百川，各以自利"的现象仍然存在。大概在秦完成了国家的统一后，"决通川防"，这一混乱现象才基本结束。不过，该时期的堤防，质量较差，靠它防洪还是没有把握的事，从上述将决堤比作极危险的事情，就不难看出。

两汉时期的 400 余年间，随着黄河洪水灾患的日趋加重，在不断完善堤防工程的同时，分洪、滞洪、防险、河道整治等治河工程措施也由设想逐步变成现实。宣帝地节年间（前 69～前 66 年），为畅通下游河道，避免堤防冲决，由朝廷组织实施了多处裁弯取直工程。另外，还在一些险工险段采用石料衬砌的方式来护堤，称石堤。这一做法，与今天的堤防护岸或护坡颇相似，主要是为了抵御水流的冲刷，保护堤身安全。东汉时，又诞生了"八激堤"，堤防上有了埽工的雏形。王景治河"筑堤自荥阳东至千乘海口千余里"，工程规模之大，前所未有。北宋时，埽工大兴。天禧、天圣年间（1023～1032 年），黄河下游两岸共有埽 45 处。每一埽就是一处大堤险工。明清时，兴建减水闸、减水坝用以分洪、滞洪，不仅有效减轻了堤防的压力，还收到了"蓄清刷黄"的功效。另外，为清除河道淤积，实现洪水畅泄，该时期还多次组织实施了大规模的疏浚工程。"疏、浚、塞"一时成为治河工程措施的主要手段。

纵观治河历史，尽管历朝历代特别是明清时期的防洪工程颇具规模，但受生产力水平、建筑材料及技术等因素的制约，所发挥的作用却十分有限。工防是防汛抗洪的物质基础。基础不牢，地动山摇。"三年两决口，百年一改道"，黄河防洪的险恶局面长期难有改观，这恐怕是最主要的原因。

中华人民共和国成立后，防洪工程建设掀开了新的一页。经过70多年的建设发展，已基本形成了"上拦下排，两岸分滞"的防洪工程体系，为处理洪水提供了调（水库调节）、排（河道排洪）、分（分洪滞洪）等多种措施，彻底改变了历史上单靠堤防工程防洪的局面，为战胜洪水奠定了可靠的物质基础。

堤防工程面貌一新。经过4次大规模的培修加固，特别是新世纪以来标准化堤防建设的实施，黄河下游两岸1400多千米堤防已初步成为集防洪保障线、抢险交通线、生态景观线于一体的水上长城。

埽工技术快速发展。埽工是堤防的桥头堡，具有控导主流，稳定河势，防止大堤冲决的重要作用。随着新技术、新材料的不断应用，更多的新型坝垛应运而生。按工程结构性质划分，有压载沉排、管袋、混凝土桩、坝网护根石和散石进占等5大类10余种。目前，仅黄河河南段就建成这样的新型坝垛20多处上百道，修建的混凝土桩坝近20千米。

河道整治——为防汛抗洪赢得了主动权。历史上，因缺少规划，采取的防洪工程措施多属被动应招，直到堤坝发生险情时才临堤下埽进行抢修，往往因措手不及而导致决口。新中国成立后，在有利防洪的前提下，本着因势利导、左右岸兼顾的原则，从控导主流、稳定河势出发，有计划地开展了河道整治工作。在利用、完善已有险工的同时，还在滩区修建了大量的控导护滩工程，重要河段的河势因此而得到控制或基本控制，在防洪固堤和引黄兴利方面发挥了重要作用。

蓄滞洪工程——防御异常洪水的制胜法宝。早在 1951 年，黄河水利委员会就在调查研究的基础上向政务院上报了处理异常洪水的意见。当年，政务院财政经济委员会作出《关于预防黄河异常洪水的决定》，同意兴建北金堤、东平湖滞洪、分洪工程，同年即初步建成并投入运用。1956 年开辟大功分洪区。1960 年三门峡水库建成。1965 年后，伊河陆浑水库和洛河故县水库相继建成。1970 年后，为解决山东窄河段的防洪、防凌问题，修建了垦利和齐河两处展宽工程。2000 年小浪底水利枢纽工程竣工。至此，"上拦下排，两岸分滞"的防洪工程体系基本形成。

兴建大型骨干枢纽工程，是近现代以来工程防洪的重要方式。这里，还十分有必要对三门峡、小浪底两座里程碑式工程的巨大防洪防凌效益做一简单交代。如三门峡水利枢纽建成后，潼关站入库流量有 6 次大于 10000 立方米每秒，在水库的滞洪调节下，最大下泄流量 8900 立方米每秒，极大减轻了下游防洪负担和漫滩淹没损失。1977 年最大入库流量 15400 立方米每秒，出库流量为 8900 立方米每秒，削峰率为 42.2%，相应花园口最大洪峰流量 10800 立方米每秒。另外，通过运用水库调节凌汛期的河道水量，推迟了开河时间或造成"文开河"的有利局面，对安度凌汛发挥了重要作用。

小浪底水利枢纽工程的建成运用，则进一步全面提升了黄河下游的防洪能力。一是利用其巨大的防洪库容直接对下游河道的流量进行调节，大大提高了花园口的防洪标准；与其他干支流水库配合，基本解除了下游的凌汛威胁。二是利用其死库容拦蓄泥沙，大大减缓了下游河道的淤积抬升速度。同时，有了小浪底水利枢纽，丰富了水库调度手段，为各种来水来沙条件下实施调水调沙提供了可能。2003 年，黄河遭遇多年未遇的"华西秋雨"，中下游干支流相继发生了 10 余次较大的洪水过程。在小浪底水利枢纽的调节下，有效缓解了下游的防洪压力，直接防洪效益超 110 亿元。据测算，如果没有小浪底水利枢纽的调蓄，黄河下游河道流量将达 6000 立方米每秒，滩区 100 多万人受灾。另外，通过连续多年的调水调沙，下游河床相对稳定、普遍下切，为滩区 180 多万群众的生产生活、脱贫致富创造了好的环境条件。

二

黄河堤防古老而悠久。翻开治河典籍，历朝历代治理河患从来没有离开过修缮和加固堤防。特别是明代治河名人潘季驯提出"筑堤束水，以水攻沙"的黄河治理方略后，世人更是把筑堤视为治河的首要举措。然而，由于黄河灾患严重，下游决口改道频繁，加之人为因素，古有堤防已十分罕见，就是有也残缺不全，难觅其形。而能够在原有堤基上进一步加固，让其继续发挥作用的古老堤段也不多见，且以明清居多。

以历史上灾患严重黄河河南段为例，黄河的决口改道绝大多数发生在这里，大的改道全部发生在此。因此，该河段的堤防兴废尤为频繁。据调查，唐宋以前所修的堤防现已基本绝迹。如西汉时颇为壮观的古阳堤。据记载，他西起武陟，经获嘉、新乡、卫辉、滑县、内黄，入河北大名，又经馆陶、临清至德州北止，长达数百公里。千余年来，由于河道变化，长期废置，现仅存残堤7处，难窥其貌。

黄河河南段现行堤防主要形成于明清时期，特别是1855年铜瓦厢决口改道后。而细分起来又可划分为以下几个时间段：

明代堤防主要是弘治年间（1488～1505年）修筑的。如现行的原阳、封丘大堤。弘治二年（1489年），阳武（今原阳县）至开封河段南北两岸大肆决溢。北岸尤为严重，决口约占两岸的十分之七。事关朝廷命脉的京杭大运河张秋段，因此受阻。为确保漕运，明王朝于弘治三年开始对黄河堤防进行大规模整治，"乃役夫二十五万，筑阳武长堤，以防张秋"。到了弘治七年，黄河又在北岸多处决口。为遏制北流，分水南下入淮，解除运河灾患，当局又在北岸"起胙城（今延津县北），历滑县、长垣、东明、曹州、曹县抵虞城，凡三百六十里"，修筑一道长堤，即今天的太行堤。现延津魏丘集到长垣大车集一段大堤就是其余部，至今仍发挥着重要的防洪作用。另外，南岸郑州至兰考三义寨大堤也是在明代所修大堤的基础上进一步加固而成的。

清代堤防保留至今仍为所用的，主要建于乾隆时期和铜瓦厢决口改道后。如孟州、温县、武陟等市、县堤防均形成于乾隆年间。1855年铜瓦厢改道后，黄河经长垣、濮阳、台前，由山东垦利入海，形成了今天的河道。长垣至台前大堤以及南岸的一些堤段就是在民埝和旧堤的基础上逐步发展而成的。

到了民国时期，值得一提的是贯孟堤的修筑。自铜瓦厢决口改道后，北岸大堤自长垣大车集起与太行堤相接。而封丘鹅湾以下至大车集则无堤防可守。为了保护沿河居民免受黄河灾患，从民国十年（1921 年）开始，先后花费十多年的时间修筑起了从封丘鹅湾到长垣孟岗这段大堤，即贯孟堤。

修筑堤防，治理水患，防洪保安，历来都是当政者的大事，更为世人所关注。因此，他们的善行、善事不仅广为后人传颂，甚至所修堤段也以其姓而命名。河南黄河现行堤防中有不少堤段就被冠以这样的称呼。如在濮阳、山东阳谷等地至今还流传着"秦始皇跑马点金堤"的说法，认为北金堤最早是由秦始皇下令修筑的。温县有一段大堤被当地群众称为"王公堤"。据史载，该段大堤为乾隆年间温县知县王其华为保护境内居民而筑。开封柳园口大堤，也因清朝著名爱国人士林则徐曾在此堵复决口、修缮堤防而被后人敬称为"林公堤"。至于汉代王景，明代白昂、潘季驯，清代靳辅、陈潢等更因其重视堤防，治水有方而名垂青史，成为一代治河名人，为后人所敬仰。

中华人民共和国成立后，黄河堤防建设进入了崭新的历史发展时期。时至今日，黄河下游已建成高标准的临黄大堤 1400 多千米，仅黄河河南段就有各类堤防 800 余千米，并取得了人民治黄 70 多年岁岁安澜的骄人成绩。近年来，随着改革开放的不断深入，国民经济的快速发展，一些新技术、新材料的广泛应用，堤防建设也取得长足的发展，得到了进一步的巩固。千里长堤焕发出了青春。

三

民谚"千里之堤,溃于蚁穴",是说牢固的千里长堤会因为一个小小蚁穴而崩溃、被摧毁,比喻小事不注意会酿成大祸或造成严重的损失。

黄河因含沙量高、河势游荡多变、河床高悬地上,堤防的防洪作用显得尤为突出。"三年两决口,百年一改道"的历史灾难,都是因堤防失守而造成的。据不完全统计,黄河下游堤防在1949年以前2000多年的时间里,决口达1500多次,造成大的改道26次。进一步分析这些决口的产生形式,主要有漫决、冲决、溃决三种,其中溃决、冲决多于漫决,溃决最难对付。

溃决,简单说就是水流穿越堤身所造成的决口。溃决的发生,主要是因堤身或堤基隐患在高水位下引发渗水、管涌、流土等严重渗漏,进而形成漏洞,并导致堤身塌陷、决口。

漏洞险情为重大险情,是造成堤防溃决的主要原因,之所以难以对付,因素有二:一是发现难。由于隐患不明、突发性强,发生的地点、时间意想不到,极难把控。二是抢护难。漏洞险情的主要特点是进水口难找、险情发展快、抢护过程短、无准备时间,成败往往在数小时之内。如若发现不及时,措施跟不上,极易酿成大灾。据《黄河河防词典》统计,自1855年铜瓦厢决口改道至1938年花园口扒口改道,在山东省行河的83年之中,因漏洞而致的决口就达34次。人民治理黄河以来的70余年中,黄河下游仅有的两次凌汛期堤防决口也是因漏洞险情而引发。

1951年1月30日，黄河下游开河后在山东垦利前左一号坝形成冰坝，水位迅速抬升，附近大堤堤顶高出水面仅0.2—0.3米。2月2日23时，利津王庄险工下首相继发生漏洞险情3处。因临河积冰覆盖，未能及时找到进水口，加之天寒地冻，取土困难，虽经300多名工程队员和群众奋力抢堵，仍难以有效阻止堤身的迅速塌陷，于次日1时45分溃决。在抢堵过程中，修防段工程队队员张汝滨、张窝村村长刘朝阳和村民赵永恩3人不幸落水牺牲。9小时后，两溃口口门扩宽至216米，中间仅隔三四十米残堤，最大水深13米，过流量700立方米每秒。王庄决口后，溃水分两股下泄，淹及利津、沾化两县42万亩耕地，有122个村庄8.5万群众受灾，死亡18人。4月7日，王庄决口堵复。

1955年1月29日3时30分，流凌在利津王庄险工下首形成冰坝。在20个小时内，受冰坝壅水影响，凌水漫滩河段达40千米，有30千米河段超过保证水位，90千米河段内蓄水约2.1亿立方米。利津王庄至蒲台王旺庄（今属滨州市）堤段先后发生漏洞险情20余处。仅29日18时至19时2个小时内，该区域就有8处大的漏洞险情发生，经全力抢堵，均化险为夷。

利津五庄堤段是1921年宫家坝决口合龙处，为当时的重点防守部位。29日21时许，在老口门以西背河柳荫地发现数处冒水，当即实施抢护。但因漏洞急速扩大，造成堤身塌陷，冲成缺口。随即，采用沉船法进行堵截，但小船被冲出，口门进一步扩大。再用两艘载装大量装土麻袋的船只实施沉堵，又被冲出。遂换用大船载装秸料和土麻袋沉堵，仍被冲出。此时，口门已扩宽 10 米以上，水势汹涌。值此危难之时，七级寒风又将照明用灯全部刮灭，抢护愈加凶险。在数百人顽强奋战 2 个多小时后，终因料物用尽而失败。23 时 30 分，堤身溃决。溃口宽 305 米，水深 6 米，推估最大流量约 1900 立方米每秒。同期，在 2 千米以外的五庄村东大堤上，一场艰难的抢险堵漏也在紧张进行，直至上游漏洞溃决 1 天后，于 31 日 1 时溃决。这两处溃决造成的灾情十分严重。利津、滨县、沾化 3 县 360 个村庄 17.7 万人受灾，88.1 万亩耕地被淹，倒塌房屋 5355 间，80 人因灾致死。3 月 13 日，五庄堵口工程竣工。

"千里之堤，溃于蚁穴"。鉴于漏洞险情抢护不易，危害严重，早在战国时期国人对此就有了清醒的认识。韩非在《韩非子·喻老》中称赞魏国相白圭修堤精细，能注意到大堤上的蚁洞，"塞其穴"，防止"千丈之堤，以蝼蚁之穴溃"，达到"无水难"。明清时期，国人进一步提出了预防及堵漏的相应对策和措施。如明代，高度重视堤防的修守，制定了"四防二守"的堤防守护制度，要求在汛期大水时，无论风、雨、昼、夜，都要加以防守，确保险情能够早发现、早抢护，抢早抢小抢了。到了清代，在重视处理堤身隐患的同时，还在总结前人经验的基础上，研究发明了抢险堵漏外堵、内堵的方法，强调漏洞堵塞要迅速，人力料物必须凑手，方能一气呵成，化险为夷。

人民治理黄河以来，在不断加强加固堤防的同时，广大治黄工作者对漏洞隐患探测及处理和漏洞险情抢护也开展了大量的研究工作。20 世纪 50 年代，每年汛前、汛后各级河务部门都要组织开展大规模的捕捉害堤动物、普查堤身隐患活动。封丘黄河修防段工人靳钊因发明锥探隐患技术，而成为该时期的治黄明星。70 年代，河南河务局曹生俊、彭德钊研制成功机械锥探灌浆技术，被广泛应用于堤防隐患的探测和处理。90 年代，堤防隐患探测技术研究被列入"八五"国家重点科技攻关项目，并取得一系列可喜成果。1998 年长江、松花江、嫩江大水后，黄河堤防堵口、堵漏技术研究再掀高潮。黄河防总办公室及河南、山东两河务局连续多年举办抢险堵漏演习，一些实用性、操作性很强的堵漏技术得到推广、普及。进入新世纪后，随着标准化堤防建设的全面实施，黄河下游堤防已进入全新时代，真正成为黄河安澜的铜墙铁壁、钢铁长城。

四

黄河防汛抗洪有工防和人防之分。工防，即依靠堤防、水库等防洪工程约束、控制、调节洪水顺利排泄入海。人防，则是通过人力加强堤防工程的防守，以确保防洪安全。所谓"河防在堤，而守堤在人，有堤不守，守堤无人，于无堤同矣"（明人潘季驯语），讲的就是堤防与人防的关系，同时也彰显了人防的重要地位和作用。

查阅史料，人防的历史最早可追溯到汉代。西汉时，"濒河吏卒，郡数千人"（《汉书·沟洫志》）。金元以后，随着河患的不断加重，守堤、护堤已成为黄河防汛的关键环节并多加规范。如在金代初期，黄河有埽兵 1.2 万人，分段管理河堤。明代除有河兵守护重点堤段外，还规定"每里十人以防"，建立了"三里一铺，四铺一老人巡视"的护堤组织，按分管堤段进行防守和管护。同时，还制定了"四防二守"制度，即风防、雨防、昼防、夜防，官守、民守；对险情的传报、抢护等也作出了明确的规定。清代除设河防营防守堤防外，另规定"每二里设一堡房，每堡设夫二名，住宿堡内，常川修守"。"堡夫均由河上汛员管辖，平时无事搜寻大堤獾洞鼠穴，修补水沟浪窝，积土植树；有警鸣锣集众抢护"。民国初期，堤防管理仍实行汛兵制，1936 年后成立工程队，与修防段一起共同防守各险工地段。

人民治理黄河初期，冀鲁豫、渤海解放区党委、政府就确立了依靠和发动组织两岸广大群众修堤防汛的原则。新中国成立后，人防体制不断健全和完善，逐级设立防汛指挥部，实行专防与群防相结合、军民联防，为确保黄河岁岁安澜奠定了扎实基础。

改革开放后，人防建设得以进一步强化。1988 年，为适应黄河情况多变、险情复杂、抢险任务艰巨，以及农民外出务工经商，群众抢险队伍难以组织的新情况，开始建设一批机械化程度高、反应迅速、机动灵活的专业机动抢险队伍，以确保紧急险情能得到及时有效的抢护。1991 年《中华人民共和国防汛条例》颁布实施，规定防汛工作实行各级人民政府行政首长负责制，实行统一指挥，分级分部门负责；各有关部门实行防汛岗位责任制。同年，国家防总印发《防汛抗旱工作正规化、规范化意见》。黄河上下认真贯彻落实，防汛队伍建设掀开了新的一页。管理日趋规范，机械化程度越来越高，专业机动抢险队的抢险突击队作用日益显现；
建立技术培训、抢险演习等制度，做到思想、组织、抢险技术、
工具物料、责任制"五落实"，群防队伍的素质和能力全面提升；
中国人民解放军和武警部队作为防汛抢险的突击力量，在历年防
洪斗争中作出了重大贡献。1998 年长江、松花江、嫩江大水后，
为加强军民联防，建立了"三位一体"军民联防体系。经过多年
的建设与发展，黄河防汛队伍已建成一支召之即来、来之能战、
战之必胜、快速反应的防汛大军。

工防加人防，在创造黄河抗洪抢险历史奇迹的同时，也涌现
出了许许多多可歌可泣的感人事迹。

1949 年秋汛期间，堤防漏洞、管涌、塌坡等险情频频发生，"防
汛抢险互为更迭，终汛期不得喘息"。在 40 多个昼夜的抢险堵漏
中，河南、湖北、山东三省数十万抢险大军以高昂的斗志、高度
的责任感和自我牺牲精神，为战胜洪水作出了贡献。山东郓城义
和庄西大堤产生漏洞险情，背河流水已至 200 米开外。义和庄村
民刘登雨及时找到了临河洞口，郓城县领导迅速带领 500 多名群
众赶到现场，堵住了漏洞。寿张县张书安一带大堤，先后出现 12
处漏洞，危急万分，区委领导带头下水堵漏，干部群众连续战斗，
堵住了所有漏洞，保证了堤防安全。济阳修防段工程队员戴令德
舍身堵漏洞的壮举，至今仍为人津津乐道。

1958 年 7 月 17 日花园口洪峰流量 22300 立方米每秒，为黄
河有水文观测以来实测的最大洪水。党中央、国务院高度重视，
周恩来总理亲临一线指挥，全国各地给予了有力支持。水情最紧

张时，100多万群防大军上堤防守，人民解放军紧急参战，并调来飞机、橡皮船和救生工具，投入抗洪抢险和抢救滩区群众的行动中。山东东平湖堤和东阿以下临黄堤，一昼夜间加修子堰600多千米，对防止洪水漫溢起了重要作用。齐河县许坊大堤突发漏洞险情，幸被焦兰英、焦秋香两位女少先队员发现，立即报警。县防指迅速组织千余人进行抢堵，有二三十名青壮年不顾生命危险跳入激流探摸洞口，最终化险为夷。

1982年汛期，沁河发生4130立方米每秒的超标准洪水。沁河南岸武陟五车口一带洪水超过堤顶0.2米，3万多群众冒雨上堤抢修子堰21千米，避免了洪水漫溢，确保了堤防安全。濮阳县习城乡兰寨村小队会计兰凤初，为抢救黄河滩区群众两天不下火线，撑船救出被淹群众200多人，最后因劳累过度从船上落水牺牲。

1983年8月，武陟北围堤控导工程发生重大险情。为有效遏制险情的发展，在武陟县委、县政府的组织下，县直上百名干部及8万多民工分6期先后奔赴工地抢险。每天有80多辆汽车抢运石料。运送柳料的汽车、拖拉机达3000多辆次，平车和马车更是多达25000辆次。

在"96.8"抗洪中，河南省军区、驻豫部队和武警部队先后出动6400余名官兵，384台车辆，120只冲锋舟、橡皮船参加抗洪抢险和迁安救护，完成滩区8万多名群众的紧急转移。兰考河务局80余名职工，在蔡集控导工程道路中断、失去抢护条件的情况下，仍坚守在工程上，昼夜抛石加固，确保了工程安全。

2003年秋汛期间，河南河务局15支专业机动抢险队共异地调度98次，调度大型抢险设备138台（套）、抢险队员1200多人次。北金村、大功、顺河街、蔡集等多处重大险情的抢护，机动抢险队打头阵，承担着最为艰难的抢险任务，发挥了骨干作用。

五

汛期，即江河等水域季节性或周期性的涨水时期。黄河汛期按季节不同，分桃、伏、秋、凌四汛。由于伏秋两汛时间相连，又都是发生暴雨洪水的季节，合称"伏秋大汛"，是黄河的主汛期。

汛期概念的建立，与国人对黄河洪水认识的不断加深，以及洪水对人类生产、生活影响的日趋加重密切相关，也与水文设施的不断完备和报汛手段、技术的发展进步密切相关。

国人对黄河洪水的认识有一个不断加深的过程。如《庄子·秋水》载："秋水时至，百川灌河。"《孟子·离娄下》说："七八月之间雨集，沟浍皆盈。"这表明早在先秦时期，世人已有了秋汛的概念。西汉时期则有了桃汛一说，所谓"来春桃花水盛，必羡溢"（《汉书·沟洫志》）。到了北宋，世人对黄河洪水的认识有了明显的进步。通过长期对河水涨落的观察和分析，宋人已能按月季节令的变化，以不同的物候特征来记述一年各个季节的水情。"桃、伏、秋、凌"四汛的初步划分，就是在这一时期产生的。这种对河水依季节不同的细致分析，使下游两岸人民掌握了河水涨落的特性，争取了防御洪水的主动权。明代，人们不仅对黄河洪水周期性变化的特点有了更进一步的认识，而且对黄河洪峰过程也有了较准确的表述。如万恭在《治水筌蹄》一文中写道："黄河非持久之水也，与江水异，每年发不过五六次，每次发不过三四日。故五六月，是其一鼓作气之时也；七月则再鼓再盛；八月，则三鼓而竭且衰也。"他指出的这一规律，与我们现在所认识到的黄河洪峰高而尖瘦的特点是一致的。

此外，流传于世的大量民谚也表明了世人对黄河洪水的认识之深刻。如"山洪响，河水涨""涨水不响落水响""涨水如弓背，落水似锅底""'亮脊'涨水之兆，'亮底'落水之征""黄河洪水，七下八上"等等。

鉴于洪水引发灾害的突发性和严重程度，水情预报工作在治河史上也有悠久的历史。

据考证，早在殷商时代，就有预报安阳河①洪水的记载。秦朝开始建立报雨制度。东汉时期，朝廷明确规定"自立春至立夏尽立秋，郡国上雨泽"（《后汉书·礼仪志》）。宋代的洪水灾害十分严重。为减轻洪患，当权者建立了比较完善的报汛制度。《宋史·河渠志》载："自立春以后，东风解冻，河边人候水。初至凡一寸，则夏秋当至一尺，颇为信验，故谓之信水。"从这段话中不难看出，宋代的水情预报已经成为常态，而且已能定量地认识到春水和夏水的涨水关系。另外，为确保漕运畅通，还对汴水这一条与黄河洪水涨落密切相关的交通动脉提出了测报水情的要求。《宋史·河渠志》载："六月诏：自今后，汴水添水涨及七尺五寸，即遣禁兵三千沿河防护。"

---

① 亦名洹河，古称洹水，位于安阳市境内。

明清时期对"信水"的认识被"水汛"的概念取代，并制定了更为严格而又规范的水情预报方式，汛期的概念得到了进一步强化。在明代，万恭在《治水筌蹄》一书中介绍了仿照"飞报边情"的办法，创立了从上游向下游传递洪水情报的制度。"上自潼关，下至宿迁，每三十里为一节，一日夜驰五百里，其行速于水汛，凡患害急缓，堤防善败，声息消长，总督者（总理河道）必先知之，而后血脉通贯，可从而理也。"这就为及时了解黄河的洪水和工情，为部署防汛争取了主动。清代的水情预报在此基础上又有了进一步的发展。一是预报范围进一步扩大、上移。在康熙年间，规定甘肃省为黄河上游省份。二是设置了测水设施。也是在康熙年间，在青铜峡峡口设水志桩，在皋兰城（今兰州市）西铁索桥两岸立铁柱，刻痕尺寸以测水。到了乾隆年间，又在黄河中游干流的陕县，及支流沁河的武陟和洛河的巩义等地设置了水志桩，用以记录河水涨落的水位，并规定上涨到一定程度要及时上报河道总督，直至皇帝。三是报汛方式的改进。康熙年间，汛期已采用皮混沌（由羊皮密封而成）装载文报的方式报汛，亦称"羊报"。涨水时，将装载文报的皮混沌抛入河中，使其顺流而下以通知下游各地加强防范。

近代，随着西方先进技术的传入，黄河洪水预报方式发生了重大变化。清光绪十五年（1889年）开始使用电报传递水情。光绪二十五年（1899年），黄河下游两岸有了电话，至光绪三十四年（1908年）已架通电话线700多千米。

民国八年（1919年）开始在河南陕县和山东泺口设立水文

站测报水情。此后在干支流相继设立水文站,并于民国23年(1934年)国民政府黄河水利委员会制定了报汛办法。办法规定:报汛期限为夏至日起至霜降日止。至此,黄河上有了明确的汛期期限。民国24年7月10日董庄决口后,又将入汛日改为7月1日。中华人民共和国成立后,根据《中央人民政府水利部报汛办法》,结合黄河具体情况,黄委于1950年制定《黄河报汛办法》,规定汛期为7月1日至10月31日。1956年6月下旬黄河涨水,下游河道漫滩。根据水文史料,6月下旬黄河涨水屡见不鲜,因此从1957年开始,黄委将黄河汛期开始日期改为6月15日。此后,还有部分年份实行6月1日开始防汛。

凌汛则主要是1855年铜瓦厢决口改道后,下游河道北移,凌情灾害时有发生,而逐步重视起来。新中国成立后,上游宁蒙河段的凌情灾害也日益得到关注和重视。20世纪50、60年代中期,吴堡以上为11月1日至翌年4月10日,吴堡以下为12月20日至翌年2月底。其中,1958年将青铜峡至头道拐终止时间延长到4月14日,其他不变。1966年改为以头道拐上下为界,时限不变。1971年改为青铜峡至头道拐为11月1日至翌年4月10日止。花园口以下为11月20日至翌年2月底止。

改革开放后,主汛期和凌汛期也有所调整。如1997年黄委印发《黄河汛期水文、气象情报预报工作责任制(试行)》,规定"6月15日起至10月15日止,水情、气象部门按汛期工作制度运行,实行日夜值班"。1998年黄河防总办公室在向国家防办上报的《黄河防总办公室防汛值班制度》中,提出汛期值班起止时段

为："正常情况下, 伏秋汛期值班时间为每年的 6 月 15 日至霜降",
"凌汛期值班时间为黄河下游封河期"。2009 年,《黄河防汛抗旱
总指挥部办公室防汛抗旱值班实施细则（试行）》出台, 规定伏
秋汛期值班为每年 6 月 15 日至霜降, 凌汛期值班为每年从内蒙
古河段开始流凌起至翌年 3 月全线开河止。另外, 在近年来三门峡、
小浪底、故县等干支流水库的汛期调度运用方案中, 明确水库的
防洪调度期为每年的 7 月 1 日至 10 月 31 日。

第二章

先秦时期——艰难的探索

先秦时期的黄河，在今荥阳、武陟以下有 3 条，即山经故道、禹河故道和西汉故道。谭其骧认为，禹河和"山经河"在河北深县以上故道线路相同。当代学者通过卫星影像判别和实地考察后认为："山经河"在新乡境内的具体走向为"武陟东石寺—获嘉照镜—新乡市区北部—卫辉"，与郇封岗遗迹同，在禹河故道之西，且先于禹河故道。西汉故道，是周定王五年（公元前 602 年）黄河在今鹤壁浚县西南宿胥口（今淇河与卫河交汇处附近）决口改道后形成的。

据考古学家分析，夏、商、周时期的黄河下游河道基本呈自然状态，低洼处有许多湖泊，河道串通湖泊后，分为数支，游荡弥漫，同归渤海。证据有二：一是考古发掘。在今河北平原（豫北、冀南、冀中、鲁西北）中部，在新石器时代曾是一片极为宽阔的空旷区，既没有古文化遗址，也没有城邑。到了商周时代这个大的空旷区才有所缩小，人类活动从冲积平原的扇顶逐步向下游发展。如在商王朝时，商都在古黄河两岸曾多次迁徙。而到了西周时代，人类的活动带已发展到了冀南的雄县、广宗、曲周一线。春秋时期，邯郸以南至泰山以西平原，空旷区东西只不过七八十公里。二是文献记载，与考古发掘大致相符。

"禹河"能够稳定流过1400余年，最重要一条的原因是黄河当时尚处于自然状态。人为破坏少，甚或没有破坏，中上游植被处于原始状态，黄河泥沙就不至于那么严重；人为干预少，黄河下游的流路，就不会被阻塞，洪水宣泄较为畅通。水退人进，水来人退。因此，在某种程度上，可以说，这一时期的人河是和谐相处的。当然，"禹河"的长期稳定也离不开当时良好的地质条件和自然条件。在自然条件方面，除当时黄河泥沙尚不那么严重外，在下游，还接纳了从太行山流出的多个支流，加大了河水的流量。水势大，水量丰沛，在相当大的程度上也就使河流主槽得以相对稳定。在地质条件上，有关专家分析研究认为，"禹河"的流路当时恰好经过近代强烈下沉的廊（坊）济（源）裂谷。谷西为太行隆起（断块）；谷东为青（河北青县）浚（河南浚县）隆起。两者均为上升带，而这时的大河正好穿行于这两个隆起之间的裂谷槽地，为稳定流路奠定了基础。

春秋战国时期，黄河下游河床发生了重大变化。河道的游荡范围日渐缩小，河床不断抬高，加之人口密度的不断增大，与河争地的矛盾突出，迫使人们不得不通过修堤来保护家园。而筑堤的结果，则使黄河下游河道形态进一步恶化，并最终导致黄河在黎阳宿胥口的决口改道。

先秦时期，是黄河堤防成形的最初时期，信息支离破碎，有些还是后人攀言附会，但从中不难看出国人为防御洪水灾害，而进行的艰难探索。同时，也越发彰显了母亲河的重要地位和作用，以及兴水利与发展农业生产、促进社会进步的密切关系。

传说中的堤防

说起堤防，在不少神奇而又美妙的古老传说中都有所提及。共工、鲧、大禹等著名神话人物，细究起来都与堤防的创造和发明有关。

堤防的最初形态是什么样子？要寻求这一答案，还需要上推到 4000 年前的原始社会。原始先民们因为"逐水草而居"，而深受洪水灾害的影响。共工所在部落大约在今河南辉县一带①，地处黄河岸边，河涨河落直接影响着部族的生存发展。为防御洪水，在共工的率领下，先民们用土、石修筑起了简单的土石堤埝，并有了"水来土挡"的概念，确立了堤防的最初形态。这就是传说中共工"壅防百川，堕高堙庳"（《国语·周语下》）的治水方法。这种方式尽管简单，但在原始先民们的眼中却是了不起的。因此，共工赢得了部落先民们的拥戴，并延续后世，成了治水世家。传说共工之子句龙，亦因治水有功，而得到了"后土"的名位，成为掌管有关土地事务的官，其孙子四岳也曾经帮助过大禹治水。

---

① 徐旭生：《中国古史的传说时代》，北京：文物出版社，1985 年，第 133 页。

古文献中说"共工氏以水纪，故为水师而水名"（《春秋左传·昭公元年》），甚至连水官的职称也改用"共工"这一名称了。

鲧治水时，堤防技术又有了重大发展。主要是鲧将用于筑城的材料和技术用于筑堤，使堤防的修筑更趋于规范。

随着人类文明的进步，也有部落、氏族间战争的因素，出于战略防御的需要，当时的筑城技术是相对成熟的。这已为考古界所证实。如龙山文化期的河南淮阳平粮台、登封王城岗、郾城郝家台、安阳后岗、淅川下王岗、辉县孟庄、山东章丘城子崖、寿光王村、邹平丁公村、淄博田王村等古城址，或有城门和门卫房，或有护城河，均是具有军事性质的城堡。将筑城技术运用于筑堤，绝对是一大进步。技术上自不待言，材料选择当更加宽泛。但鲧错误地将筑城所用的"息壤"用来修堤筑坝，却给鲧带来了杀身之祸。"息壤"，据考古学家考证，是一种具有吸水膨胀性的料物。按现代定义，它是一种富含蒙脱石矿物的黏土，俗称膨胀土。这种材料，吸水后易挖、易夯，而脱水变干后却坚硬如铁，所谓"晴天一把刀，雨天一包糟"，是筑城的好材料，但要用来筑堤就不行了。因为，堤是挡水建筑物。干燥、失去水分的"息壤"就会产生大量收缩裂缝；遇到洪水，不仅裂缝漏水，而且土体吸水膨胀，不均匀的膨胀力将会造成堤坡坍塌，严重时更能直接导致堤身的崩塌。"息壤"的这一特点，鲧应该没有意识到。因此，他未经尧的同意便使用"息壤"筑堤，即所谓"鲧窃帝之息壤以堙水，不待帝命"，从而引来了杀身之祸。过去，人们常把"鲧治水九载，绩用弗成"（《尚书·尧典》）理解为：因鲧筑堤堙塞了河道，而招致了洪水的严重泛滥。也有专家推想为：随着部落的扩大、生产规模的发展，灾情随之加重，是老办法解决不了新问题所致。但若从膨胀土不宜用作筑堤挡水的工程特性来认识，或许更为科学。尽管如此，鲧治水时能有借鉴、有创新，应是十分值得肯定的。鲧的儿子大禹，也正是在此基础上不断总结、发展，而获得了治水的巨大成功。

文献记载，禹的治水方法为疏导法。即所谓"高高下下，疏川导滞"（《国语·周语下》）。也就是说，利用水自高处向低处流的自然趋势，遵循地形的变化特点，把壅塞的川流疏通，把洪水引入已疏通的河道、洼地和湖泊，然后"合通四海"，使洪水得以顺利下泄、入海。大禹和共工、鲧是同时代的人。疏导法的产生，于我国早期治水来说无疑是巨大进步。当然，也可以说是共工、鲧治水的经验结晶。这一方法，说穿了无非就是通过除去水流中的障碍和增多泄水的去路而使洪水宣泄通畅。但在原始社会生产工具极为落后的条件下，主要是铁制工具尚未产生，要有效除去水中障碍是非常艰难的。因此，归顺洪水，利用堤防局部和部分堙塞洪水就成为工程施制的重点。大禹"陂障九泽"（《国语·周语下》）说的就是他把一部分洪水引入洼地拦蓄起来，蓄水滞洪，从而进一步减轻洪水的威胁。另外，《山海经》中还有"禹卒布土以定九州"的记载。若和鲧治水联系起来看，说明大禹筑堤堙塞洪水用的是土，而不是"息壤"。大禹能够按水流规律办事，并在前人治水的基础上进行不断创新，最终平定了水患，安定了九州。这里，古人在传说中和记述时有意识地把非膨胀性的土与膨胀性的"息壤"进行区分，当不是偶然的，亦体现了筑堤技术的进步。至此，堤防这一防御洪水的工程措施走完了它最初的艰难曲折之路，宣告诞生了。

召公的劝说

周厉王姬胡（前904～前829年），是我国历史上有名的暴虐君主之一。在其执政时期，实行"专利"和"弭谤"的高压政策，引发国人暴动，直接导致西周统治基础的动摇。

"普天之下，莫非王土"（《诗经·小雅》），意思是说周王朝的土地都归周天子所有，各级贵族对天子赏赐的土地，只有使用权而没有所有权，是为西周立国的经济基础。这些土地，都有一定的范围和严格的标志，又称"井田"或"公田"。然而，随着生产的发展，贵族们利用剩余劳动在"井田"之外又开辟了很多"私田"。他们期望"公田"有好的收成，更盼望那些免缴赋税的"私田"获得丰收。平民们从中更是得到了不少实惠。"田里不鬻"（《礼记·王制》），即土地不能随意转让和买卖的制度，也在贵族们的逐利中被打破。在西周中期以后，公田、私田已出现了转让、交换和买卖的现象。

贪婪的周厉王上任后，蔑视这一现实，横征暴敛，公开与民争利。他重用权臣，废除私田，申明山林河湖里的各种产品均归国王所有，为周王的"专利"。周厉王的倒行逆施，很快引起了民众的强烈不满，受到了一些王公大臣的猛烈抨击，顿时民怨沸腾，谤言四起。

面对朝臣和民众的批评、议论，周厉王火冒三丈，不仅下令要监视那些敢于发表异见的百姓，还实施了严厉的镇压措施，发现一个杀一个。在此高压政策下，老百姓沉默了。在路上碰见熟人，也只敢使使眼色。这就是文献中所说的"国人莫敢言，道路以目"（《史记·周本纪》）。此时无声胜有声，不说比说更可怕。周厉王却认识不到问题的严重性，感觉良好，认为自己很有办法。他得意地招来召公，夸耀说"再也没有人批评我了吧？"召公却不以为然，深表忧虑，规劝厉王要推行开明政治，允许老百姓发表不同意见，并形象地对厉王说：如若堵住老百姓的嘴，压制老百姓讲话，就会像河流之堤，一旦冲垮、溃决，将势不可挡，后果会更加严重。但是，厉王并未听从召公的劝谏，继续一意孤行。三年后，伴随着一场大规模的虫灾，挣扎在生死线上的贫民和落魄贵族一哄而起，袭击了厉王的宫殿并赶跑了周厉王。这就是历史上著名的召公谏"弥谤"的故事。

据推算，这件事发生在公元前 844 年左右。"防民之口，甚于防川，川壅而溃，伤人必多。"（《国语·周语上》）这里所说的"防"应该是水工意义上的堤防了。因此，至迟在公元前 9 世纪，我国堤防已见于记载。

文字，是人类用来记录语言的符号系统，是文明社会产生的标志。汉字，属象形文字，大体经历了结绳记事、河图、洛书、伏羲文王画八卦、甲骨文、金文、钟鼎文、大篆、小篆、隶书、行书、草书、楷书等发展阶段。从目前我们能看到的最早成批的文字资料——商代甲骨文字算起，汉字已经有 3600 多年的历史。

但在西周时期，文字的掌握和应用仅限在统治阶级上层，受人才及书写材料等多种因素的影响和制约，用文字记录一些事情，特别是那些源于底层的事物，可谓奢侈品。堤防，尽管作用初显，或已引起上层的关注，但仍然很难留下较为详尽的记录。因此，上述 10 余字所透露出来的信息，就越发显得弥足珍贵。

堤防是我国古人的一项重大发明创造，与国人的生存和发展密切相关。周代以善于经营农业而著称，我国的农业生产和农田水利建设呈现出了新的气象。有专家在研究《诗经》后认为，西周时期，曾有 2000 名奴隶同在田野上劳动的场面，更有 2 万多人同时在进行"耦耕"的场面。所谓"耦耕"，就是在翻地时，一个人前拉，一人后推，两个人共同操作一副翻土用的"耒"。在农田水利建设上，已能足够通过平整土地、整修水源和渠道来满足农业生产的需要，并出现了一些蓄水和灌排结合的渠系工程。黄河中、下游是周人活动的重要区域。铜器铭文中所提的"授民授疆土"，在某种意义上也可以说是周人从西部比较贫瘠的地区向东方适于耕作地区的大规模"殖民"活动。这些适宜耕作的地区，也随之成了诸侯国活跃的舞台。如今的河南省北部和河北省南部一带，当时为黄河的流经之地，气候温润，土地肥沃，在周武王之弟卫康叔分封至此后，很快就成为周王朝统治东方的重要地区。这就是历史上有名的卫国，绵延近千年，直至战国才为秦所灭。也因如此，真正意义上用于防范洪水泛滥的堤防工程，能够在该时期出现，也就不足为怪了。

管仲的贡献

管仲（前 723～前 645 年），名夷吾，字仲，又称敬仲，春秋时期齐国著名的政治家、军事家，颍上（今安徽颍上）人。齐桓公时，齐国能登上"春秋五霸"之首，与管仲对其内外政策进行的一系列变革分不开的。据文献记载，管仲被齐桓公任为上卿，尊称"仲父"，治齐达 40 年之久。主张"政不旅旧"，"择其善而严用之"（《国语·齐语》），实行改革，富国强兵。对外以"尊王攘夷"相号召，对内则选贤任能，严格管理，发展生产，制定并提出了一系列改革政策。这些措施包括发展工商渔盐铁；承认土地私人占有，推行"相地而衰征"的政策，按地质好坏、多少征赋；寓兵于民，扩大兵源；举贤任能，制订选拔人才的制度；加强对各级官吏的管理等等。提出"仓廪实则知礼节，衣食足则知荣辱"（《管子·卷一》）的论点，并把"礼、义、廉、耻"上升到"国之四维"，认为"四维不张，国乃灭亡"（《管子·卷首》）。正是这些行之有效的变革措施，使齐国的外部环境得以改善，内政得以整顿，并极大地促进了经济社会的快速发展。

而进一步分析其经济增长的内在原因，关键在于对水利的重视。管仲是一位著名的政治家，也是一位水利专家。他对水利的一系列论述和实践，不仅反映了齐国当时水利建设的状况，而且对后世治水影响深远。他是我国历史上把治水与治国紧密联系起来，并视治水为治国安邦头等大事的第一人。如他说："善为国者，必先除其五害。"所谓"五害"，即水、旱、风雾雹霜、瘟疫、虫灾等。"五害之属，水为最大。五害已除，人乃可治。"（《管子·卷十八》)意思是说，要确保农业丰收，百姓安居乐业，天下安定，国家繁荣昌盛，必须采取有效措施消除水、旱等自然灾害。

管仲重视水利，还表现在他能够率先垂范，亲理水事上。作为齐国当时的最高管理者，不仅在水利建设上做了大量而又具体的工作，还结合实践对水利工程的管理、施工以及农业灌溉、城市水利等进行了深入的研究和科学的总结。这在《管子》一书中有大量的记述，其论述之精辟，见解之独到，时至今日仍有十分重要的现实意义。如他认为要管护好水利工程应设置水官，并选拔那些对水利工程比较熟悉的人来担任；冬季要对河渠堤坝进行经常性的检查维护；汛期防汛应责任到人，险要地段更要设专人防护等。"终岁以毋败为固，此为备之常时，祸从何来？"只要常年都能保持水利工程的完整牢固，加强防汛，祸患也就无从产生。在水利工程的施工方面，管仲除对人员的组织、管理提出了具体要求，制订了严格的制度和措施外，对施工技术也有深刻的研究和总结。如针对齐国的气候特点，提出春夏之际是农田水利建设的黄金季节。因为"春三月，天地干燥，水纠裂之时也"，这时土料中含水量比较适宜，易于夯实，工程质量有保证。而且这时"山川涸落"，处于枯水时期，还可从滩地取土，这样既节省了堤外土源，避免毁坏农田，又能疏浚河道，一举两得。另外，从农事上来说，这期间"故事已，新事未起"，处于农闲季节，且昼长夜短，气候适中，其他季节则"不利作土工之事"。在谈到具体施工方法时，他主张堤随水行，剖面呈"梯形"，上小、下大，并且要植树、种草，既可巩固堤防，又可为抢险、堵漏备下料物。关于城市水利,管仲也有精辟的论述。他认为"凡立国都,非于大山之下必于广川之上。高毋近旱而水用足,下毋近水而沟防省。因天材,就地利,故城郭不必中规矩,道路不必中准绳"。就是说,选择都城或城市的位置,不要很高,以免造成取水困难;也不要太低,以减少防洪排涝的工程量。良好的水利环境对于城市建设是必不可少的,既要拥有足够的水资源,又要具备良好的防洪条件。城市建设布局要因地制宜,视地形和水利条件而定,不必拘泥于一定的建筑形式。两千多年前,管仲就能对水利有如此深刻的认识,是十分难能可贵的,也充分反映齐国当时水利建设的繁荣程度。

这一时期,齐国乃至其他诸侯国中最大的水利工程,当是齐堤的兴建。齐国为开拓疆土、扩大耕地,把黄河尾闾的"九河"填去了8条,并修筑了一道绵延数百里的长堤,史称齐堤。该堤起自河北东光县砥桥,经南皮、孟村、盐山、黄骅,直抵渤海。齐堤不仅具有防洪功能,还同时具有军事防御的重要作用,又称长城堤、齐长城,为齐、燕、赵三国的界堤。据《南皮县志》记载,在元、明时期,"齐堤烟柳图"曾是当地一大美景。至今,在该县境内仍残存有长达3千米的齐堤遗址。

正是在管仲的大力辅佐和积极努力下,齐桓公时代齐国的经济才有了突飞猛进的发展,国力日渐强大,"九合诸侯,一匡天下"(《管子·卷首》),使齐桓公的霸业达到了顶峰,跃居"春秋五霸"之首。管仲所取得的业绩也备受后人的推崇,连孔子都说:"微管仲,吾其被发左衽矣!"(《论语·卷七》)无法想象,如果没有管仲治水，后人要过着怎样贫穷而野蛮的生活。

盟约中透露的信息

春秋，是大国争霸和弱肉强食的时代。特别是在黄河下游广袤的平原大地上，为扩大地盘，谋取有利的军事地位，修堤筑坝成了诸侯各国重要的工程措施。为防止以邻为壑，以水代兵，有实力的国家甚至不得不在诸侯国之间制定共同遵守的盟约。

春秋初年，日渐强大的楚国，扩张的野心也随之膨胀起来，在先后灭掉其北部、西部的几个小国后，多次向郑国进攻。郑国抵敌不住，主动向齐国寻求支持。公元前656年，齐桓公率宋、卫、陈、郑、许、曹、鲁"八方诸侯国联军"攻打楚的盟国蔡国，直抵楚国边境。从春至夏，在楚国使者的几番交涉后，齐桓公见难以强力服楚，只好在召陵（今河南漯河召陵区）与楚国结盟而回。其中，在订立的和约中就有"毋曲堤"的条文，即不许修建危害别国的堤防。该条款主要是针对楚国在睢水、汴水上拦河筑坝、兴修堤防，导致宋国失去大面积土地，并面临洪水威胁而提出的。

公元前651年，"一匡天下"后的齐桓公，先后两次在葵丘（今河南兰考、民权县境）召集有关诸侯国开会，订立新的盟约。盟约称：凡是参加盟约的国家，要言归于好，不得再互相攻击。同时，齐桓公还代表周襄王在会上宣布了几条禁令，强调各国间不得阻塞河流，不得囤积粮食等。盟约的签订，为维护宗法制度，巩固统治秩序，促进经济社会的发展，奠定了基础。

盟约，是敌对双方罢兵的文书，做什么、不做什么，都是双方迫切需要面对的而又必须解决的现实问题。在上述盟约中，能够把筑坝修堤堵塞河流列为有关诸侯国均应禁止的行为，可见在春秋前期这一问题的严峻程度。当然，也进一步显示了堤防工程在当时的政治、军事、经济中所发挥的重要作用。这也是进入战国后堤防工程能够得以快速发展的重要原因。

春秋，也是我国古代社会变革最为深刻的时代，是我国封建制度由萌发到行将脱胎的重大转变时期，在我国古代历史上占有着重要的地位。从社会层面看，有着千余年历史的奴隶社会，在经历了夏、商、周三代后，至此终结；伴随诸侯列国的纷纷崛起，盘根错节的古代宗法网络，逐步分崩离析，犹如星星之火，燎原之势，锐不可当。而深究促进这一深刻变革的原因，则主要源于铁器的制造和使用，以及牛耕技术的发明。经济基础决定上层建筑。原先仅限于在"井田"上劳作的奴隶，这时成了拥有土地、自由耕作的农民，山川林泽得到了更有效的开发利用；死不离乡的奴隶，在自由迁徙中创造了财富，促进了城市的空前发展。受此影响，社会结构在变化，世家大族、世卿世禄的卿大夫在衰落，士大夫阶层作为新兴势力成了诸侯列国的政治支柱；政权结构在变化，"礼乐征伐自天子出"已变而为"自诸侯出"，再变为"自大夫出"（《论语·季氏》），至最后，卿大夫的家臣们也起而攫取了政柄；典章制度、意识形态在变化，以前由贵族阶级独享的精神文化，开始从王侯宫殿走向民间，从中原远播"荆蛮"。

变革的代价是巨大的，也是残酷的，是在战歌声中进行的。河流山川既是战争的舞台，也是战争的工具。为了富国强兵，谋水之利，河流、湖泊的开发利用成了首选目标；为了战役的胜利，审时度势，利用山川形便，河流又成了战争的重要帮凶。筑坝修堤，是控制和应用河流的重要手段和工程措施，加之有了铸铁工具这一利器，能够被诸侯列国争相运用，也就不稀奇了。

当然，堤防的防洪功能亦有体现。除前述的齐堤外，在《国语·周语下》中还有这样一条记载：周灵王二十二年（公元前550年），谷水和洛水两条河流同时发大水，洪峰在王城附近遭遇后，将王宫冲毁。此后不久，灵王不顾劝谏，在此修筑了防范洛河洪水的大堤。

自负的白圭

白圭（前370～前300年），战国时期人，名丹，字圭。据文献记载，白圭既是水利专家，又是经营天才，有"商祖"之誉。

在水利方面，由于他的卓越才能，不仅有效解除了都城大梁（今开封）的水患，还极大地改善了交通和农业生产条件，为魏国的快速崛起作出了贡献。白圭也因此有了自负的资本，称其治水的本领比大禹还要高超。《孟子·告子》中说："丹之治水也，愈于禹。"韩非子对白圭的修堤技术也大加称赞，说他技术精细，连大堤上的蚂蚁洞都不放过，"塞其穴"，以防止"千丈之堤，以蝼蚁之穴溃"，达到"无水难"（《韩非子·喻老》）。

据史载，大梁的兴盛与魏惠王迁都与此有关，更与鸿沟水系的兴建有关。而鸿沟水系的水源与黄河关系密切，如何采取有效的工程措施解决好引水和用水，避免黄河涨落对渠系的影响，就成为迫切需要解决的问题。另外，大梁地处中原，是黄河洪灾直接影响的地区，如何有效避免灾害，黄河堤防的作用意义重大。白圭是这一时期魏国治水的重要人物，想来他的一些成就的取得，主要是在鸿沟水系和黄河堤防工程的建设和管理上。

在经营方面，白圭有着极高的商业天分，是战国时期首屈一指的大商人。他独具慧眼，首创了农副产品贸易和"人弃我取，人取我予"的经营原则，强调商人要有丰富的知识，更要有"智""勇""仁""强"等良好的素质。只有那些能够通观全局、大处着眼，同时具备姜子牙谋略和孙子韬略的人，才可能在商界有所作为，成就事业，获取更多的财富。著名历史学家司马迁在《史记·货殖列传》里对白圭的经商才能给予了高度评价，称"天下言治，生祖白圭"。而白圭亦因其超前的经营理念和成功的商业实践，被后世的商家尊奉为祖师爷。

治水属工程专业，经商为经济专业，也可能二者相差得太大了，又有人认为水利专家白圭和经商致富的白圭可能不是同一人。

为有源头活水来。白圭的成功是有其坚实的社会基础。

白圭的出生地为洛阳，自古商业发达。而洛阳人又善为商贾，谋求利润的最大化是洛阳人的传统。出生于此的白圭，由政转商，并在商界拥有一席之地，获得巨大成功，不能说与其先天的、良好的环境熏陶无关。当然，也不能无视战国时期商业的迅速发展和日益繁荣。一是诸侯各国富国强兵，积极变法改革，致力于增加财政收入，商业发展有了强大的政治基础；二是铁农具、牛耕的普及和水利设施的改善，使农副产品有了更多的剩余，贸易往来具备了坚实的物质基础；三是手工业的发展，已细分为采矿、冶炼、青铜制造、纺织、木器、漆器、制陶、盐业等多个门类，促进了商业贸易的多样化；四是货币的普遍使用，使贸易更加方便、快捷；五是鸿沟水系的开挖、漕运的兴起，方便了诸侯各国间的沟通、交流，促进了大梁、陶、临淄、郢等一批人口众多、商业繁荣的城市相继诞生。等等这些，都为白圭的财富聚集创造了良好的条件。也因如此，除白圭外，战国时期还涌现了范蠡、吕不韦两位在我国历史上赫赫有名的富商大贾。范蠡，曾帮助越王勾践一雪会稽之耻，在弃政从商的十几年后就"三致千金"（《史记·货殖列传》）。吕不韦，则以一个大珠宝商的身份，登上政治舞台，在秦统一天下中大显身手。白圭能够在治水方面获取值得夸耀的功绩，也不例外。

我国人工水利灌溉的历史，最早可以追溯到大禹。传说大禹曾"尽力乎沟洫"（《论语·泰伯》），即利用水流由高向低流动的特点，开挖沟渠，引水灌溉农田。商汤命伊尹指导民众在地头凿井溉田，也是传说中的事。确有可考的人工水利灌溉，是在春秋后期，当时正由落后的凿井抱瓮而灌，向比较先进的桔槔打水浇灌的方式转变。"桔槔"，即"凿木为机，后重前轻，挈水若抽，数如沃汤"，为简单的灌溉机械设备。但相比"凿遂而入，井抱瓮而出灌"（《道德真经衍义手抄·卷十一》）的人力为主的方式，功效却提高了百倍。另外，这期间还诞生了我国历史上最早的水库工程——芍陂，为楚庄王（前613～前593年）的令尹孙叔敖所开凿。

至战国时代，随着农业生产的发展，各诸侯国十分重视农田水利建设，并兴建了一批水利工程。其中，最有名的有魏国的鸿沟水系和引漳灌邺工程，秦国蜀郡的都江堰工程和关中的郑国渠等。而黄河下游堤防此时也有了长足的发展，规模不断扩大。西汉时贾让就明确指出，堤防起自战国。

堤防是用以防洪为主的挡水建筑物，要求必须符合一定的技术标准，才可能坚固、耐用，发挥出应用的作用。据《晏子春秋》记载，有一年齐景公视察临淄城东门的堤防。当他看到堤防高大陡峻，牛车和马车不能运土上堤，全凭修堤民工穿着单衣往上挑时，就问随行的晏婴（？～前500年），为什么不将堤防降低"6尺"呢？晏婴答道：据说早年的堤防，较现在低"6尺"，上涨的淄水曾经自广门入城。晏子认为要"重变古常"，即对待过去的常法要慎重，不宜轻言变更。可见当年淄水的防洪堤，其堤高远大于"6尺"，而堤顶高度的确定全凭历史经验。《尔雅》则将高大的堤防，专门称作"墒"。黄河是多泥沙河流，由于河床的淤积，大堤还应不断地加高。

另外，在堤防横断面的设计上，也要注意对堤顶宽度和边坡的选择。这主要是为了方便施工，更重要的是能够在堤防挡水后有足够的断面来降低大堤浸润线的高度，防止背坡面出现管涌。《管子·度地》中就提到，堤防要做成"大其下，小其上"的梯形。至于对堤防施工的质量控制，战国时代已认识到合理选择土堤施工季节和掌握土料适当含水量的重要性。而工程的管理维护在战国时期也已得到重视，并设置专门的机构和官员来负责。"司空"的职责就是"修堤梁，通沟浍，行水潦，安水臧，以时决塞"，做到"岁虽凶败水旱，使民有所耕艾"（《荀子·王制》）。白圭在堤防的施工或管理上，能够精细到对细小的蚁孔也不放过，是有先见之明的。当然，也应该是实践经验的结晶。单凭这一点，可以说，白圭有自负的本钱。

与水争地的工具

社会发展、技术进步，使人类与自然的关系更加密切。战国时期，伴随着封建制度的确立，劳动者的地位进一步提高，农业生产发展达到了一个新的水平。其重要标志就是一系列农学著作的诞生。在"百家争鸣"中，"农家"为其中之一，代表人物是许行。据《汉书·艺文志》所著录，战国诸子中的农家，为提倡农业而假托神农的著作有《神农》20 篇、《野老》17 篇，但均已佚亡。现今所能见到的农家作品，学者公认的仅有《吕氏春秋》中的《上农》《任地》《辩土》《审时》等。《上农》侧重于农业政策问题，《任地》《辩土》《审时》为生产技术问题。其中，《任地》在开篇提出的发展农业生产的 10 大问题中，前 4 个问题都与农田水利有关，如整理土地、利用和改良土壤、耕作保墒等。另外，在《尚书》《管子》以及《周礼》等著述中，也或多或少地提到了战国时期的农业生产情况。

水利是农业的命脉。这从当时一些水利工程兴建后，所产生的巨大经济社会效益中可见一斑。据史书记载，漳水十二渠建成后，古漳河两岸盐碱地得到了改良，土壤肥力增加，粮食产量大大提高，实现"亩收一钟"。一钟，折合后相当于现在的亩产 125

千克。郑国渠也有"收皆亩一钟"（《史记·河渠书》）的历史记载。在当时低下的生产力水平条件下，能够取得这样高的亩产量，是十分难得的。都江堰的建成运用，则创造了人间奇迹，不仅使蜀地一跃而成为"天府之国"，时至今日，仍在继续发挥着巨大的经济社会效益。

黄河下游平原是国人活动最早的地区之一，在中华文明发展史上，有着难以撼动的重要地位。黄河亦因此而被称为中华民族的"母亲河"。至战国时期，广袤的中原大地，农业生产稳定，交通发达，城市繁荣。魏、齐、赵三国，均因得益于黄河之利，而称霸一方。也是在这一时期，国人实现了由消极防水到积极治水的新飞跃。为了拓展生存空间、保障社会安定和经济发展，应用堤防"与水争地"的现象，在沿河两岸普遍发生了。

西汉人贾让在其治河三策中，就详细描述了战国时期黄河下游两岸大堤兴建的历史过程。当时，齐与赵、赵与魏、韩与魏、魏与秦都曾以黄河为界。齐国地处今山东和河北的东南部，受黄河洪水的影响最大，率先在距主流 12.5 千米的南岸筑堤。齐国有了保护，洪水转而威胁对岸的赵国，于是赵国也在离河 12.5 千米的北岸筑堤。位于上游一些的魏国也效法齐、赵两国的做法，跟着修筑了沿岸大堤。三国堤防相邻的部分，由于有着共同的利害，应该是相互连接的。至此，黄河主流被约束在左右相距 25 千米的两岸大堤之间，形成了保护下游两岸连贯的堤防，实现了黄河防洪划时代的进步。

大型水利工程及黄河堤防能够在战国时期得到规模空前的发

展，绝不是偶然的。首先在于它顺应了时代的进步与发展。随着人口的增多，发展农业生产，改善生存环境，解除洪涝灾害，征服自然，改造自然，越来越严峻地摆在了国人的面前。漳水十二渠就是人们破除迷信，为消除严重的水患灾害而兴建的。而黄河下游堤防的兴建，不仅减轻了洪水威胁，还为沿河民众带来了更多而又肥沃的可耕之地。当然，封建统治者为维护其阶级利益，也是最直接的原因。如地处南岭山脉，连接长江和珠江流域的灵渠水利工程，就是秦始皇为巩固其统治地位而修建起来的。

其次，也是当时社会矛盾激化，战国七雄政治、军事斗争的结果。军事和政治密不可分，而支撑战争、打赢战争靠的是强大的经济实力做后盾。大兴水利，扩大农业生产，也就成为各国竞相采取的重要措施。鸿沟水系和郑国渠的修建就是两个典型的例子。魏国为了称霸中原，于魏惠王九年（前361年）迁都大梁。大梁地处平原，城北虽有济水，但是水源有限，位置也明显偏北。为了改善交通状况，发展经济，富国强兵，从魏惠王十年（前360年）开始，魏国用了20多年的时间建成了沟通黄河、淮河两大流域的鸿沟水系。黄淮间这一黄金水道的架通，不仅在很大程度上改变了中原一带的交通航运状况，推动了漕运，增强了诸侯各国的经济、文化交流，而且也使魏国的政治、军事、经济得到了进一步的加强。据史书记载，当时一些著名的政治、经济中心，如陶（今山东定陶西北）、临淄、濮阳、阳翟（今河南禹州市）、寿春（今安徽寿县）等都是得益于鸿沟水系而在短时期内发展起来的。郑国渠的修建说起来更为有趣。修建郑国渠本是韩国为防秦国出兵东伐，而使的一招"疲秦"之计，没想到十多年的工程建设，不仅未能起到疲惫和消耗秦国力量的作用，反而因此使秦国大大受益，日益强大起来，最终成就了秦统一中国的大业。据史载，郑国渠长"三百余里"，流经今泾阳、三原、高陵、富平、蒲城、白水等6县，干渠横跨治峪水、清峪水、浊峪水、漆沮水（石川河），最终流入洛水，4万顷土地（合今280万亩）得到有效灌溉，而且全部是自流灌溉。"溉舄卤之地四万余顷，收皆亩一钟（石）。于是关中为沃野，无凶年，秦以富强，卒并诸侯。"（《汉书·沟洫志》）从此，也奠定了关中平原长期作为我国历史上社会、政治、经济中心的地位。到了汉代还曾流传着这样一首民谣来歌颂这一工程："举锸为云，决渠为雨。泾水一石，其泥数斗。且溉且粪，长我禾黍。衣食京华，亿万之口"（《汉书·沟洫志》）。

第三，也是水利技术进步的必然。大型水利工程对勘测、设计、施工、管理运用等技术要求是非常严格的。要处理好洪水、泥沙对工程的影响，做到蓄、引、排的合理结合，真正发挥水利工程应有的作用，在当时的条件下并不是件容易的事。也正是在这种情况下，才涌现出了郑国、李冰、史禄等一大批优秀的水利技术人才。如都江堰、灵渠的设计和建设之精妙，时至今日，仍为国人所惊叹不已。唐代诗人岑参，把李冰的功绩与传说中的圣人大禹相比，"始知李太守，伯禹亦不知"，认为其功不在大禹之下。

以水代兵

"战国"作为时代的专有名词，是在汉代刘向编《战国策》

后而基本确定下来的。事实上，当时亦有此称，不过意思却有所不同，指的是交战各国。

春秋战国，是一个群雄争霸的时代。春秋时期，步兵取代了战车甲士，争霸的南方战场上更是出现了舟师、水军、象队等军种。而层出不穷的战略战术，则为"兵家"的诞生、军事科学的创立奠定了基础。到了战国时期，征战更加频繁、激烈，各国已拥有数十万以至百万的军队。齐、魏的桂陵之战、马陵之战，秦、赵的长平之战、邯郸之战等一批经典战役，或因出奇制胜、或因规模宏大而永载史册。那些发生在合纵连横的游说之士身上的生动故事，时至今日，仍为国人所津津乐道。

利用山川形便，以水代兵，攻城拔寨，也是这一时期的军事将领们多有选用的决胜之策。兵家第一人孙武，在其所著的《孙子兵法》中就明确指出：在江河地带安营扎寨，要占上游、居高地。只有这样才能够占据有利地形，谋取战略先机。《孙膑兵法》中也有同样的认识，强调洼地、沼泽是最不利的军事地形之一，被视为用兵的坟墓。《孙子兵法》在谈到"火攻"时，还进一步指出了水攻的威力，认为"以水佐攻者强。水可以绝，不可以夺"。这里的"绝"，历来解释不一。东汉末年著名的政治家、军事家、文学家、诗人，曹魏政权的缔造者曹操认为，利用河水可以断敌退路，分割敌军；唐朝宰相，政治家、史学家杜佑，理解为阻止粮食、物资供应和援兵，防止敌方的攻击和逃跑；南宋人张预，倾力于为《孙子兵法》作注，认为作战双方受河流分割后，一方势力自然瓦解，另一方势力必相应增强。这些解释尽管不尽相同，但均承认"绝"是利用河水直接攻击敌方的。

水攻相当于水灾，甚至更甚于水灾，导致生灵涂炭，灾难沉重，恶名昭著。公元前 685 年，楚攻宋，楚军在雎水、汴水修堤筑坝，致使宋国"四百里"被淹。"四百里"，不难想见，有多少民众会因此而失去家园。公元前 279 年，"昔白起攻楚国，引西山长谷水，即是水也。旧葛去城百许里，水从城西灌城东，入注为渊，今熨斗陂是也。水清城东北角，百姓随水流，死于城东都数十万，城东皆臭，因名其陂为臭陂"（《水经注·卷二十八》）。一战致死伤数十万，而且多为劳苦大众，战争又是多么残忍。公元前 257 年，秦攻赵、楚联军，"斩首六千，晋（赵）、楚流死河二万人。"（《史记·秦本纪》）"流死河"，即因决堤水攻，致人死于非命。因此，春秋战国时期的诸侯们，大多不愿采取这种不择手段的方式，也才有了诸侯盟约中禁止在河道上筑坝水攻的条款。然而，在残酷的战争面前，一切盟约犹如螳螂当车，决堤之水，为谋取战争的胜利，决策者绝不可能受一纸盟约制约、牵制。

春秋时期，两次大的水攻都发生在吴国的攻伐中。公元前512 年，吴国攻打徐国，采取决坝放水的方式，攻陷徐国都城。至此，有着 1649 年历史、历 44 代君王的徐国灭亡。公元前 500 年，吴王阖闾率伍子胥、孙武等名将挥军西进，进攻楚国国都郢城。楚昭王被迫弃城逃走。吴军主将孙武出奇制胜，引漳河水淹城，乘势占领楚国国都。楚国元气大伤。

至战国时期，水攻的战例明显增加，且以黄河下游居多。这时，穿越韩、魏、齐、赵的黄河两岸已建成百里长堤，河床亦有所抬高。

争战双方，以水代兵，互为决堤，随之成了制胜的法宝。公元前358年，楚国伐韩。此时，恰遇黄河水灾。楚军顺势将泛滥的洪水引入韩地，导致长垣一带大面积被淹，魏国也跟着遭殃。公元前332年，"秦惠王使犀首欺齐、魏，与其攻赵。赵人决河水以灌齐魏之师，齐魏之师乃去。"（《资治通鉴·卷二》）当时的赵国国君是赵武灵王，也是赵国最为强大的时期，助楚攻齐，侵伐魏国，修筑长城，大有恢复晋国雄风的气势。这个事情正好被秦国惠王利用，派出犀首到齐、魏添油加火，齐、魏便联合出兵图谋报复赵国。赵国面对强敌，采用水攻之策，决开黄河，以水浸灌，迫使两国联军无功而退。公元前281年，赵王"再之卫东阳，决河水，伐魏氏。"（《史记·赵世家》）另据《史记·苏秦列传》记载，秦国曾威胁魏国说："决荥口，魏无大梁；决白马之口，魏无外黄、济阳；决宿胥之口，魏无虚、顿丘。陆攻则击河内，水攻则灭大梁。"事实证明，魏国的不利地势，最后真正成了其覆灭的罪魁祸首。公元前225年，秦将王贲攻魏，"引河沟灌大梁"（《史记·秦始皇本纪》）。大梁顿时变为废墟。

秦始皇跑马修金堤

秦始皇（前259～前210年），我国历史上著名的政治家、战略家、改革家，秦王朝开国皇帝，被明代思想家李贽誉为"千古一帝"。在其执政时期，实行三公九卿，废除分封制，代以郡县制，书同文、车同轨，统一度量衡，由此奠定了我国两千余年政治制度的基本格局。但秦始皇也是一个备受争议的人物，因其大兴土木，苛政虐民，求仙梦想长生，而让后人把秦王朝短命的原因归罪于他。

功高是议论的靶子，争议是流言的温床。因此，与秦始皇有关的轶事典故也繁多，如荆轲刺秦、孟姜女哭长城等。

今天，地处濮阳，以及河南范县、台前与山东莘县、东阿交界的100多千米长的黄河北金堤滞洪区围堤，亦传说为秦始皇所修。

据说，秦始皇统一天下后，面临着北方匈奴入侵和中原黄河水灾的两大难题。为了攘外、安内，秦始皇提出了"南修金堤挡黄水，北修长城拦大兵"的施治方策。

"修就修一条能够抵御洪水的'金堤'！"怎么修，修成什么样，他要亲自决策。于是，秦始皇带着监工大臣实地查勘并选定了大堤的走向。

然而，最难办的事是人力的组织。这可难坏了监工大臣。因为，当时天下的青壮劳力都被征派去修长城了。眼看着，就要到皇帝下令的开工时间了，还未征到多少能干的人。费了九牛二虎之力，最终才将那些老弱病残和妇女逼上了修堤工地。

饱受战争之苦的修堤贫民，在三九严寒的冬季，穿着单薄的衣服，忍饥挨饿，干着重活，很快就一个个倒了下去。活是人干的，人都累倒了、吓跑了，工程就更难办了。监工大臣再也不敢催工期了。

工程进度上不去，监工大臣延误了工期。秦始皇砍了他的头，又换了个新的监工大臣。有了前车之鉴，新大臣丝毫不敢怠慢。

为了如期交差，他派出兵丁，广贴告示，不行，就挨村逐户地抓人。可怜的老人、妇女、孩子们，背井离乡，从更远的地方被押解到工地，挖土、抬筐、打夯，从事繁重的体力劳动。

在监工大臣的催逼下，堤一天天见长了、高了。修堤的人却一天天变消瘦了。

汛期就要到了。秦始皇再次下旨，严令必须10天内全部完工。圣旨一到，吓坏了监工大臣。别说10天，再有1个月也难完成！他想，早晚是个死，干脆实话实说，上报10天时间不可能修好金堤。

秦始皇一拿到奏章，就动了杀心。转念一想，光杀也不是个办法。但他不改限期，明确说10天后他要亲自去察看大堤。

这下可害苦了修堤百姓。没日没夜地干，更多的人累死在大堤上。10天的期限到了，但仍有几处没有填平。面对胆战心惊的监工大臣，秦始皇说："我骑马在堤上走一趟，回来时，若还不能修好，就小心你的脑袋。"

恶向胆边生。监工大臣心生一计，下令把死去的民工填在不平的地方，不够，就把病着的也填进去。然后，再盖上土，加以修整。在修堤民工的一片哭声中，金堤就这样建成了。

另外，发生在金堤上的故事还与孔圣人的弟子——子路有关。今山东阳谷与河南台前以堤为界的40千米堤防，称"子路堤"。传说子路的家境非常贫寒，为孝敬父母，解决生计问题，子路经常奔忙于大堤上下。人们为子路的孝心所感动，就将此段大堤称为"子路堤"，紧挨大堤的"堤上村"也改名为"子路堤村"。

其实，子路为山东济宁人。过世后，安葬在今河南濮阳县城附近，当地人称子路坟，亦名仲由墓，始建年代不详。据《水经注·河水》记载，戚城东有"子路冢"，说明在 1400 年前北魏郦道元写《水经注》时，已确认这里就是子路的葬所。今天，子路墓祠已成为濮阳市的一处重要名胜古迹。

传说毕竟是传说，有很大的演绎与夸张成分。据文献资料，这段堤防为东汉王景治河时所修，原为黄河东汉故道的南堤。

这里，值得思考的是传说背后的原因。受黄河泥沙、洪水的影响，黄河下游河道迁徙无常。河去堤废，既反映了历史上黄河洪灾的严重程度，也反映了历朝历代黄河治理的艰难程度。特别是受困于国人对黄河内在规律的认识，以及生产力水平等因素的影响，长期以来，治河仅限于下游，工程措施主要靠堤防。国人期望黄河安澜，期盼金堤永固。而沿存至今，仍继续发挥着重要作用的黄河堤防，唯有王景治河时兴修的这一段。历时近 2000 年，人们以金堤颂之，当不为过。至于为什么要与秦始皇联系起来，细想起来，更有意思。一是秦始皇一统天下，功高盖世，国人寄希望他来镇住河妖，减轻河患；一是秦始皇不恤民命，恶贯满盈，又似决堤之口，让其永远背负骂名。再把子路拉进来，可能是圣人弟子在周游列国时确实路过这里，也可能是取他的仁孝之意，感天动地，让堤防真正造福于民。

第三章

汉宋——争议中前行

汉宋时期，为黄河西汉故道和东汉故道的行河期。西汉故道，亦称"汉志河"，按《水经·河水注》记载，大致经今河南滑县、濮阳、清丰、南乐，河北大名、馆陶，山东冠县、高唐、平原、德州等县市，德州以下复入河北，经吴桥、东光、南皮、沧县而东入渤海。

"汉志河"时期，下游还有两条较大的支流亦流经山东省入海。一为南岸荥阳以下的济水，一为约在今南乐县北分水的漯水。济水包括黄河南北两部分："导沇水，东流为济，入于河"，这是黄河以北部分；"溢为荥，东出于陶丘北，又东至于菏，又东北会于汶，又北东入于海"，这是黄河以南部分。据《汉书·地理志》《水经》等记载，河南部分济水的大致走向是：由今荥阳市北（即今郑州邙山一带）分黄河东出，流经今原阳县南、封丘县北，至山东定陶县西，折东北注入巨野泽，又自泽北经梁山县东，至东阿旧治西，自此以下至济南市北泺口（略同今黄河河道），自泺口以下至海（略同今小清河河道）。晋以后，又有所谓别济。至《水经注》时代，自今郑州、原阳以下至巨野泽有南济、北济之分。北济，经今封丘县北、菏泽市南；南济，经封丘县南、定陶县北。出巨野泽后，汇入汶水，自此以下又称清水。隋代开挖通济渠后，巨野泽以上逐渐湮没，以下亦称清水，但济水之名并未废弃。唐宋时期，曾在今开封市先后导汴水或金水河入南济故道以通漕运，称为湛渠或五丈河，其后也逐渐湮废。金、元后，自汶口至泺口已成以汶水为源的大清河（又称北清河，泺口以下大清河在古济水之北）；自泺口以下成为以泺水为源的小清河。至此，济水有名无实，不复存在。

漯水，也是黄河下游一条古老的分支。如《禹贡》中就有"浮于济、漯，达于河"的记载。汉时漯水自东郡东武阳县（旧朝城县，今为镇，隶属山东莘县）与黄河分流，以下经今莘县西、聊城西、茌平西，至禹城南向东，济阳以下略近于现今的黄河，至滨县一带入海。

王景治河后形成的东汉故道，在濮阳以下大约走东郡和济阴郡北部，然后经济北、平原，由千乘入海。这条河道因入海流程短，比较陡，穿行于相对低洼的地带，加之黄河下游仍有汴水、济水、濮水、漯水等许多分支，还有许多湖泽和旧的河道分滞洪水和泥沙，决溢灾害明显减少，出现了长达近千年的相对安定时期。

汉宋时期，是黄河堤防发展的重要时期。东汉，王景治河，一次性建成千余里堤防。北宋,埽工和堵口技术进一步发展、成熟,但也是成为对堤防这一工程措施争议最大的时期。一方面反映了国人对黄河内在规律认识的不足,防御洪水的措施单一;另一方面,也体现了投入与产出的巨大反差,国人在黄河治理上的忧虑。这一时期,由于黄河泥沙淤积、河床抬升,堤防的作用日益显现。同时,亦因灾患的日趋加重,而让人的疑虑有增无减。

治堤岁费且万万

"濒河十郡,治堤岁费且万万。"这是贾让在"治河三策"中透露出的西汉黄河治理的信息。意思是说:为了筑堤治河,沿河郡县每年都要拿出一大笔经费。据有关文献记载,当年汉王朝的全国财政收入大约"40余万万"[①],而每年仅黄河修防开支就占全年财政收入的1/40。由此不难想见,西汉时期黄河下游的堤防规模。

汉代,是我国封建社会巩固和发展的一个重要历史阶段。在长达400多年的时间里,除王莽篡汉后曾一度动乱外,国家统一,政权稳定,经济社会发展较快。地处国家政治、经济、文化中心的黄河流域,更是进入了发展的快车道。黄河的治理与开发也随之迎来了新的机遇,一些规模较大的漕运和农田灌溉工程相继诞生,河防工程进一步加强。还十分值得一提的是,伴随河患的加

---

① 宋·李防:《太平御览》卷627,引《桓谭新论》:"汉定以来,百姓赋利敛,一岁为四十余万万。吏俸用其半,余二十余万万藏于都内为禁钱。少府所领园地作务之八十三万万以给宫室供养诸赏赐。"

重和统治者对黄河治理的重视，治河理论也随之丰富起来。

西汉时期的黄河，与战国时相比，下游河道发生了新的、较大的变化。一是河滩上出现了许多村落，并兴修"直堤"（相当于现在的生产堤）来保护田园。二是堤距宽窄不一，窄处仅数百米，宽处则可达数里、数十里。三是堤线更加曲折。如从黎阳至魏郡昭阳（今濮阳西）两岸筑石堤挑水（类似挑水坝），百余里内有 5 处。四是黄河下游成了地上河，个别河段堤防修得很高。如黎阳南 35.5 千米的淇水口，堤高 3 米多，而自淇口向北 9 千米至遮害亭的堤防则超过了 10 米。在这种不利的河道形势下，西汉时的黄河下游决溢较多，特别是到了后期。如从元封二年（前 109年）到王莽始建国三年（11 年）的 120 年中，有明确记载的黄河决溢就达 11 次。这样的决口频率，是黄河在此以前所从来没有过的。公元 11 年，黄河大决魏郡元城，泛滥冀、鲁、豫、皖、苏等地近 60 年，造成了黄河的第二次大改道。直至王景治河后，黄河才又恢复平静。

缘于黄河灾患的日趋加重，堤防的修守得到了汉王朝的高度重视。西汉，已设有"河堤都尉""河堤谒者"等官职，具体负责黄河堤防的修守。在汛期，沿河各郡防守河堤的专职人员少则数千、多则上万，而参与防守的民众应该更多。

在堤防规模不断扩大的同时，还创新运用一些新材料、新技术对重要堤段进行加固。据《汉书·沟洫志》记载，从今河南武陟至浚县，沿河堤防均为石堤，总长近 300 千米。此外，在今河南和河北交界一带也建有多处石堤。石堤，应是采用石料镶砌护岸或护坡的堤防，主要是为了抵御水流的冲刷，防护堤身的安全。堤防的建设标准，也进一步规范起来。如成书于汉代的《九章算术》中就有这样一道关于堤防的算术题。"今有堤，下广二丈，上广八尺，高四尺，袤一十二丈七尺，问积几何。"

另外，埽工技术也得到了进一步的发展。早期的埽工称作茨防。茨即芦苇、茅草类植物。最早提到茨防的是齐国稷下先生慎到（前 395～前 315 年）。他说："法非从天下，非从地出，发于人间，合乎人心而已。治水者，茨防决塞，九州四海相似如一，学之于水，不学之于禹也。"（《慎子·卷一》）这里所说的"法"，泛指方法，制度。甚至认为法是对客观规律的总结，因此才可能被普遍采用。由此可见，在战国时埽工的普及程度。至西汉，淮南王刘安（前 179～前 122 年）谈用工程措施导引水流运动时，也提到了茨。他说："掘其所流而深之，茨其所决而高之，使得循势而行，乘衰（降）而流。"（《淮南子·泰族训》）此处的"掘"是指开挖和疏浚河床，"茨"则是堵塞决口。东汉安帝永初七年（113 年），为实现汴河引黄口门的稳定运行，曾在黄河南岸汴口石门附近"积石八所，皆如小山，以捍冲波，谓之八激堤"（《水经·河水注》）。"积石八所"，很可能是竹笼状块石构件堆积而成。但竹笼易朽，维修费用自然较高。到了阳嘉三年（公元 134 年），因此而将荥口石门的竹笼工改作砌石工。

为避免水流顶冲堤防，有针对性地开挖引河，实施工程治理，也最早发生于西汉。据《汉书·沟洫志》记载，在宣帝地节年间（前 69～前 66 年）光禄大夫郭昌主持治河，当年黄河"北曲三所，水流之势皆邪直贝丘县。恐水盛，堤防不能禁，乃各更穿渠，直东，经东郡界中，不令北曲。渠通利，百姓安之"（《汉书·沟洫志》）。贝丘县（今山东临清南）当时在黄河北岸，属清河郡。黄河3个弯道都顶冲北岸，于是在南岸东郡界内滩地上各开3条引河，以改善贝丘堤防被顶冲的不利形势。不过这个引河工程效果不好，3年后河水在此处重又作弯。

悲《瓠子》之诗而作《河渠书》

"江山如此多娇，引无数英雄竞折腰。惜秦皇汉武，略输文采；唐宗宋祖，稍逊风骚。一代天骄，成吉思汗，只识弯弓射大雕。俱往矣，数风流人物，还看今朝。"这是一代伟人毛泽东词作《沁园春·雪》的下阕。"汉武"，即西汉第7位皇帝汉武帝刘彻（前156～前87年）。作为我国历史上最伟大的政治家、战略家、诗人之一，刘彻执政后，政治上加强中央集权，经济上盐铁官营，思想上罢黜百家、独尊儒术，军事上加强骑兵建设、选拔优秀将领等，无一不为后人所称道。

农业，是封建社会经济的基础；水利，是农业的命脉所在。有着战略眼光的汉武帝，高度重视水利建造，曾颁发诏令要求各地加强水利建设，充分发挥水利对农业生产的促进作用。黄河流域是汉武帝文治武功的活动中心，对黄河的开发与治理亦功勋卓著。

首先是凿渠通漕，发展农业生产和航运交通。据历史记载，在汉武帝统治的50余年中，先后在关中地区修建了漕渠、龙首渠、六辅渠和白渠等一系列大型水利工程。这些工程的建设运用，不仅为当时的经济繁荣、社会稳定奠定了基础，也为汉武帝对匈奴的长期作战提供了坚强的物质保证。

长安漕渠是汉武帝诏令兴建的第一个大型水利工程，也是我国历史上首个围绕京都设计建设的漕运项目。元光末年（前126～前128年），大司农郑当时鉴于京城长安（今西安市）对粮食需求的大量增加，对漕运的依赖日益严重，建议汉武帝开凿漕渠以避开渭水的航运险阻，增加运量。青年汉武帝接受了郑当时的建议，调集数万人经过 3 年的艰苦施工，开挖了长安至黄河长达 150 多千米的长安漕渠。漕渠的开通，极大地节省了时间和运费，使输送至京的粮食每年由"不过数万石"，猛增至 400 万石，最多时达 600 万石（《史记·平淮书》）。另外，还满足了渠道两岸的农业灌溉需要，上万顷土地因此而受益。这条人工运河一直沿用到唐代，成为京师长安给养运输的生命线。

数年后，汉武帝又发动军卒上万人开始了龙首渠的建设，10年左右建成。值得一提的是，在这次工程建设中创造性地采取了隧洞竖井施工方法。据记载，在挖到澄县（今澄城县）境内时，因遇上了横亘东西的商颜山（今铁镰山），给施工带来了困难。起初采用明挖的办法，但由于山势高，开挖深，而常常导致渠岸滑坡塌方。于是，采用了井渠法施工。即在山坡上打竖井若干，使"井下相通行水"。这无疑是开创了隧洞竖井施工的先河。司马迁说："井渠之生自此始"（《史记·河渠书》）。5000 多米长的隧洞，能够精准定位渠线的方向和竖井的位置，说明当时的测量和施工技术都是很高的。

继龙首渠之后，在汉武帝的大力倡导下，在泾河下游开凿了六辅渠，在渭水中游建成了成国、灵轵、漳和蒙茏4渠，在郑国渠南引泾水兴建了白渠。其中，白渠的效益尤为显著。当时留下这样一首歌谣："田于何所？池阳、谷口。郑国在前，白渠起后……衣食京师，亿万之口。"（《汉书·沟洫志》）意思是白渠引来了肥水，粮食丰收了，人民丰衣足食。因白渠与郑国渠齐名，后人习惯上把两渠合称为郑白渠。

汉武帝对关中地区水利建设的重视，使这里迅速发展成为当时全国著名的经济区。据史书记载，关中在仅占当时全国土地三分之一，人口十分之三的情况下，创造的财富则占全国的60%（《史记·货殖列传》）。这一成果不仅巩固了京都长安在全国的政治经济中心地位，也为汉武帝实现其雄才大略奠定了坚实的物质基础。

若把关中地区的水利建设成就视为汉武帝对黄河支流的开发利用，那么他亲自指挥的瓠子堵口则是一次对黄河的重大治理活动。

元光三年（前132年），黄河在濮阳瓠子决口。黄河改道南流，夺淮入海，使梁、楚（今豫东、鲁西南、皖北和苏北一带）16郡受灾。汉武帝在接到灾情报告后，当即命大臣汲黯和郑当时主持堵口。但因水势凶猛，堵而复决。此后，在丞相田蚡的阻挠下，未再堵塞，致使黄河泛滥达20余年之久。元封二年（前109年），汉武帝派汲仁、郭昌率数万军民再次堵塞决口，并亲临现场指挥，

"沉白马玉璧于河"(《史记·河渠书》),表示治河的决心。经过艰苦奋战,终于堵口成功。汉武帝为此创作了著名的《瓠子歌》,用以纪念。汉代著名历史学家、文学家司马迁亦亲身经历了瓠子堵口。他"悲《瓠子》之诗而作《河渠书》"(《史记·河渠书》),深深地为瓠子堵口的壮观场面和汉武帝《瓠子》悲壮诗句所感动,认为水之利害于人类发展太重要了,并成就了我国第一部水利通史。

汉武帝成功地堵塞决口为全国树立了兴水利、除水害的典范。"自是之后,用事者争言水利"(《史记·河渠书》)。水利受到了各级政府官员的普遍重视,并很快在全国掀起了兴修水利的热潮。新修的水利工程,遍及全国,数不胜数。汉武帝统治时期成为我国历史上重要的水利大发展时期。

链接:

瓠子歌二首

西汉刘彻

(一)

瓠子决兮将奈何?皓皓旰旰兮闾殚为河?

殚为河兮地不得宁,功无已时兮吾山平。

吾山平兮钜野溢,鱼沸郁兮柏冬日。

延道驰兮离常流,蛟龙骋兮方远游。

归旧川兮神哉沛，不封禅兮安知外！

为我谓河伯兮何不仁，泛滥不止兮愁吾人？

啮桑浮兮淮泗满，久不反兮水维缓。

（二）

河汤汤兮激潺湲，北渡污兮浚流难。

搴长茭兮沉美玉，河伯许兮薪不属。

薪不属兮卫人罪，烧萧条兮噫乎何以御水！

颓林竹兮楗石菑，宣房塞兮万福来。

堵口是个技术活

自然灾害的发生，在某种程度上，与社会的发展、人类对自然影响的不断扩大密切相关，黄河的决溢危害即是如此。由于人口的增加，人类对土地的依赖越来越强，开发力度也越来越大。于黄河中上游来说，因开荒垦田，自然植被遭到破坏，水土流失加重；下游则表现为堤防规模的不断扩大，以及围河造田，与河争地。这些因素共同作用的直接结果，就是黄河下游河道不断淤积抬高，洪水灾害发生的频率不断加快。先秦时期，尽管对黄河的决溢灾害已有记载，但并不十分突出。至汉代，已明显增多起来。据文献记载，自汉文帝十二年（前168年）到王莽始建国三年（11年）的180年间，按黄河决口相隔的时间来划分，前130年中每隔25年多决溢一次，后50年则每隔7年多就决溢一次。

有压迫就有斗争，有决口就有堵口，人类在与自然抗争中不断发展壮大、走向繁荣。堤防作为防御洪水的利器，在西汉时有

了长足的进步，尤其是堤防的堵口技术。据史载，早在春秋战国
时期，国人就已认识到防备河堤决口，要种植树木，做好料物的
储备。到了西汉，随着堵口实践的增多，堵口技术出现了重大突破，
并产生了对后世影响极大的两个著名堵口案例。

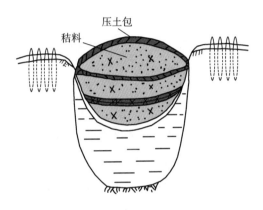

堵口合龙占图

第一个就是前述的汉武帝瓠子堵口。

第二个是王延世主持下的东郡堵口。这次堵口是在建始四年
（前29年）完成的，比瓠子堵口晚80年。据《汉书·沟洫志》记载，
王延世"以竹落长四丈、大九围，盛以小石，两船夹载而下之"，
取得了成功。

这两次堵口，之所以能够在治河史上留下重重一笔，主要在
于技术创新。首先，两次堵口是有史以来最早以文字记载下来的，
采用平堵或立堵的方法堵塞大堤决口的成功例子。后人认为，我
国历史上留存下来的传统的立堵和平堵的方法，就源于这两次堵
口。所形成的堵口技术，也是治河史上的一大创造和发明。所谓

平堵，后人根据有关瓠子堵口的文字记载推测，当时是用长竹或巨石，沿着决口的横向插入河堤为柱，由疏到密，先使口门的水势减缓，再用草料填塞其中，最后压土、压石，使口门合龙闭气。立堵，则是东郡堵口所采用的方式。据有关专家研究，它是先从口门两端分别向中间进堵，待口门缩窄到一定宽度，再用沉船的方法将竹石笼沉下，然后抛土使决口塞合。现代比较科学、完善的平堵和立堵及混合堵技术，正是在这一传统方法的基础上不断总结、改进、提高发展而来的。

其次，也是世人对黄河内在规律认识进步的结果。堵塞决口，仅有可靠的方法还不行。同时，还必须对气象、水文知识有一定的了解，以便把握不同季节的水情变化，选择适当的堵口时机，从而保证堵口工程的顺利进行。汉武帝派汲任等堵塞瓠子决口时，"是岁旱"（《汉书·郊祀志》），即选择了一个干旱的年份。王延世堵塞东郡决口时，正值初春，也是黄河水枯的时候。到了西汉河平年间，讨论堵塞平原决口时，议郎杜钦则更加明确地指出："且水势各异，不博议利害而任一人，如使不及今冬成，来春桃华水盛，必羡溢，有填淤反壤之害。"（《汉书·沟洫志》）就是说，堵口应力求在冬季枯水时完成，否则，到了次年春天桃花开，黄河水盛涨的时候，灾害将会更加严重。很明显，他的这一认识是建立在瓠子和东郡堵口成功经验的基础之上的。当然，如果说王延世的东郡堵口，"功费约省，用力日寡"，"堤防三旬立塞"（《汉书·沟洫志》）的效果，是由于方法正确，那么把堵口的实施时间选定在水枯的初春，也不失为一条重要的因素。

当然，也与统治者对黄河决口灾患的高度重视分不开。堤防决口是灾难性的。如瓠子决口，受灾面积高达"一二千里"（《史记·平准书》），因决口长期难以堵复，灾区连年歉收或失收，以致发生人吃人的惨象。统治者为避免矛盾激化，不得不从巴、蜀调粮赈灾。汉武帝作为封建王朝的最高统治者，能够体察民情、顺应民意，亲自参与并指挥堵口工程，实在难能可贵。东郡堵口，亦是如此。决口后，东郡、平原、千乘、济南4郡32县遭灾，淹没耕地15万余顷，4万多间房屋被毁，被迫转移的人口多达9.7万人次（《汉书·沟洫志》）。堵塞决口，回应民众的呼声，救民于水深火热之中，已成为当权者必须正视而又迫切需要解决的问题。

贾让的"治河三策"

贾让，西汉末年人。由他提出的"治河三策"，实际上为治理黄河的3种方案。因东汉史学家班固以1000余字的篇幅把它完整地记入《汉书·沟洫志》中，而对后世的治河工作产生了极为深远的影响，被誉为"我国治理黄河史上第一个除害兴利的规划"。

西汉大河，自形成之日起，至汉代已经流行400多年了。早在先秦时代，黄河就称"浊河"（《战国策·燕策》），汉时更有"河水重浊，号为一石水而六斗泥"（《汉书·沟洫志》）之说。长期以来，在两岸堤防的约束下，大量泥沙在河道内淤积，河床逐年抬高。哀帝初年便有"河水高于平地"（《汉书·沟洫志》）

的记载。这表明，黄河当时已经成为地上河。此外，当时沿河两岸民众围河垦田的事也相当突出。堤内筑堤的后果是缩窄了河床，阻碍了洪水下泄，进一步加剧了主河槽的淤积，加重了河患。因此，对黄河的治理也就越来越引起了当权者的关注和重视。贾让的"治河三策"，就是在这一历史背景下提出的。

绥和二年（前7年），汉哀帝下诏要求举荐能治河的人。贾让应诏上书，提出了"治河三策"。上策：即"徙冀州之民当水冲者，决黎阳遮害亭，放河使北入海。"（《汉书·沟洫志》）意思是要在遮害亭（今滑县西南）一带掘堤扒口，使大河北去，穿过魏郡（今河南南乐县一带）的中部，然后再转东北入海。事实上，这也是一个人工改河的设想。改河后的黄河河道，西濒太行山高地，东有旧有的黄河大堤做屏障，严重的黄河水患就可得以有效解决。黄河下游，河床不断变迁，常常是昔日已弃的故道，数百年后便又可行河。贾让欲改之河，原本为大河故道，即"禹河故道"，在地理地形上应该是可靠的。但人为改道要付出代价，需要迁移冀州（今河南东北部和河北东南部）一带的居民。贾让调查发现，当时该地区不仅人口稀少，而且农业生产落后，大量田地荒芜，选择这样的地方为黄河的新河道，也是有他一定道理的。至于说上策可以做到黄河千年无患，估价则似乎过高了。

中策的主要思想是在冀州区域内开渠建闸，发展引黄灌溉，分流洪水，这也可以说是上策的蜕变。上策要在冀州改河，中策是要在冀州穿渠。穿渠的目的，有灌溉兴利的好处，更重要的则是为了分洪。其具体规划意见为：大致在上策所选择的改道地方，向北新筑一道渠堤，西有山脚高地，东有渠堤，这便构成了渠床。然后，加固淇河口至遮害亭一段的黄河堤防，并在堤上多开几处水门，新筑的东边渠堤上也建若干处分水口门，组成许多分水渠。这样，旱时就可引水灌溉，遇上洪涝则可分流洪水。贾让认为，这一规划一旦实施，魏郡以下的黄河灾害不仅可以减轻，而且冀州的部分土地还可以得到放淤改良，同时还有通漕航运的便利。贾让这种"分杀水怒"的穿渠主张，从治河的角度讲，当属于分疏一类，其作用应是肯定的。

关于下策就是要继续加高培厚原来的堤防。但贾让同时认为，即使花费很大气力，也不会收到好的效果。为什么呢？在他看来，堤防是限制洪水畅泄的严重障碍。因此，固堤也就成了下下策，是没有办法的办法，不得已而为之。

分析贾让的"治河三策"，是有极强的针对性的。可以说是对当时黄河下游河情、河势的真实反映。历史资料显示，在贾让提出"治河三策"的时候，一方面河道狭窄，另一方面由于受堤防的压迫和束缚，人为的作用，大河走向弯曲多变，加之河床的淤积抬高，致使黄河决溢灾害的日渐增多。贾让在实地调查的基础上，借鉴先秦治河的历史经验，建立起了一种治河必使河道"宽缓而不迫"的思想。他的"治河三策"，也正是这一思想的具体体现。另外，在"治河三策"中贾让还较为明确地告诉我们要避免与河争地，要求人类要与自然和谐相处，社会发展与河流洪水规律相适应的治河自然观；要在防御黄河洪水的同时，还要重视放淤、改土和通漕，重视对黄河的综合开发利用，以及水利规划中方案比较的思想等。两千多年前，古人就能认识到这些，真可谓先见之明。而这也正是"治河三策"的意义所在。也因如此，"治河三策"尽管没有付诸实施，其中还有部分内容叙述不太清楚，甚至有些规划也不尽合理，但仍为历朝历代的治河者所重视。

然而也有不同的声音。如明代著名治河人物刘天和就认为贾让的上策和中策都不可行。在贺长龄编辑《清经世文编》一书中也收录了清人靳辅的论断："可言而不可行。"但这都不妨碍对贾让"治河三策"在我国古代治河史上的重要地位和作用的评价。

讳言堤防

受黄河灾患不断加重、统治者日益重视的影响，西汉时期探索治河方法的人越来越多，并相继产生了分疏、改河、滞洪、以水排沙等多种治河主张。然而，若进一步深挖的话，却颇为耐人寻味，除借鉴大禹治水的经验外，恐怕主要还在于对堤防这一工程措施的不满和无奈。

鸿嘉四年（前 17 年），鉴于渤海、清河、信都三郡（今河北沧县、清河县、冀县等地）严重的洪涝灾害，丞相史孙禁在实地查勘后，提出"今可决平原金堤间，开通大河，令入故笃马河（略似今山东省马颊河所经）"（《汉书·沟洫志》）的改河建议。这可以说是一个从自然地理角度分析研究后而提出的治河方策。按孙禁分析，改道后的河道，不仅可以缩短大河入海流程，水流顺畅，而且还可以削落上述三郡的水位，乃至干涸为良田。同时，还可以节省大量筑堤治水的人力、物力和财力。然而，其他官员认为，河道改道后不在大禹治水时"九河"所流经的范围，而被武断地排斥。

清河郡都尉冯逡提出的分疏治河，也是效法大禹治水的结果。黄河自元帝永光五年（前 39 年）河决清河郡灵县鸣犊口以后，灵县以下至东光之间，鸣犊河与大河分流，其上游自馆陶分出、流行达 70 年之久的屯氏河因此断流了。此后，因鸣犊河淤积，上游来水难以畅泄，灵县以上沿河一带便时有决口的危险。为避免境内出现新的河患，冯逡在总结屯氏河畅通分流 70 年河无大害的历史经验后，建议浚开屯氏故河，使其与大河分流，"以助大河泄暴水，备非常。"（《汉书·沟洫志》）晚于冯逡的御史韩牧，其重开"九河"的建议则来得更为直接。他说："纵不能为九，但为四、五，宜有益"（《汉书·沟洫志》）。当黄河洪水暴涨时，利用分疏的方法，使洪水沿着各个支河分泄，可以削减主河道的洪峰流量，减轻洪水对主河道两岸堤防的威胁，从而避免或减轻决溢灾害。这一建议对症下药，是积极可取的。可惜,他们这些"按经义治水"思想而提出的建议，也未被当局所采纳。

西汉末期王莽统治时，长水校尉关并提出的滞洪主张也源于大禹治水。他说："秦汉以来，河决曹、卫之域，其南北不过百八十里，可空此地，勿以为官亭民室"，作为大水时放洪停蓄之地。但在申明缘由时，他仍打着"闻禹治河时，本空此地"（《汉书·沟洫志》）的旗号。

也有跳出大禹治水框架的真知灼见。大司马张戎就以解决黄河泥沙问题为切入点,提出了"以水排沙"的治河方策。张戎认为,要解除堤防决口的隐患，必须给黄河泥沙以出路。否则，河愈高，堤也愈高，"犹筑垣而居水"（《汉书·沟洫志》），决溢灾害势必愈加严重。因此，他建议应借助水流冲刷的特性，设法保证下游有充足的水量，从而达到排泄泥沙的目的。张戎的这一认识，可谓切中要害，但在当时的工程技术条件下是很难做到的。

分析上述几种治河方法，都与当时所实施的主要治河措施——堤防无关。言治河，讳言堤防，究其原因，主要体现在当权者不满足"以堤治河"，认为它是"经义"以外之事。"哀帝初，平当使领河堤。"他在奏疏中说："九河今皆寘灭。按经义治水，有决（分）河、深（浚）川，而无堤防壅塞之文"（《汉书·沟洫志》），强调采用堤防治河不在"经义"之列。平当，作为汉哀帝刘欣的近臣，言出此意，其影响不容低估。此外，若深究的话，也可能与汉武帝有关。汉武帝执政时，齐人延年曾上书要"开大河上领，出之胡中，东注入海，"（《汉书·沟洫志》），即通过人工改道，使黄河从后套直向东流入海。这一大胆建议受到了汉武帝的赞赏，认为"计议甚深"。同时，他又指出黄河河道乃大禹所导，"圣人作事，为万世功，通于神明，恐难更改"（《汉书·沟洫志》），而不予采纳。汉武帝是一位非常有作为的封建皇帝，亲赴瓠子堵口，显示了他对黄河治理的高度重视，但仍以"经义"治河为准，对世人所产生的影响当更大。当然，这也仅仅是猜想而已。

其实，还有更为现实的原因，那就是投入与产出的严重不符。堤防的建设要花钱，管理与防守也需要投入。如前所述，朝廷每年都要拿出大量的财政收入用于治河，但也仅仅解决了堤防的管理和汛期的防守。如果加上堤防建设所产生的费用，投入应该会更多。大量的投入，却未能带来相应的回报，堤防仍不时决口，这就不得不让人反思，令统治者挠头。另辟蹊径，也就成了那些关注黄河治理的官员们急于探求的最佳方式了。贾让之所以在其"治河三策"中，将堤防列为下下策，也能让我们从中看出些门道。汉明帝则来得更加直白。面对东汉初期的黄河乱象和治河纷争，明帝曾下诏说："或以为河流入汴，幽、冀蒙利，故曰左堤强则右堤伤，左右俱强则下方伤，宜任水势所至，使人随高而处，公家息壅塞之费，百姓无陷溺之患。议者不同，南北异论，朕不知所从，久而不决。"（《后汉书·明帝纪》）堤防在一些官员眼中成了黄河灾患的罪魁祸首，不要堤防又能怎样，连皇帝也不知该如何是好了！

因此，西汉时期的严重河患除与"西汉故道"已进入晚期，河道淤积严重的这一客观因素有关外，在一定程度上也与统治者不能正视现实，盲目崇古密切相关。以至于到了王莽始建国三年（11年），黄河发生了有史以来第二次大的改道。有数百年历史的"西汉故道"，自此被新的河道所取代。

千里长堤

据《后汉书·王景传》记载："永平十二年，乃引见景，问以理水形便。景陈其利害，应对敏给，帝善之。又以尝修浚仪，功业有成，乃赐景《山海经》《河渠书》《禹贡图》及钱帛衣物。夏，遂发卒数十万，遣景与王吴修渠筑堤，自荥阳东至千乘海口千余里。"一次建成"千余里"堤防，这是有文字记载以来明确记述堤防规模的确切数据。一方面，显示了汉王朝强大的经济实力；另一方面，也充分显示了当权者强烈的治河决心。

从东汉初到明帝中期的将近半个世纪里，我国政治稳定，经济发展较快，社会呈现出一派兴旺昌盛的景象。"四海混一，天下安定"（《论衡·宣议》）"昔岁五谷登衍，今兹蚕麦善收"（《后汉书·明帝纪》）等历史记述，就是对当时经济社会繁荣景象的形象描述。然而，黄河却很不安定，灾害还相当严重。这主要是因黄河在王莽始建国三年（11年）发生大改道的前后得不到有效治理而引发的。

据记载，西汉哀帝时，魏郡（今南乐县一带）以东黄河决口泛滥，甚至到了难以分清主次河道的地步。平帝时，黄河在今荥阳境内再次发生剧烈变化，河道大幅度向南摆动，黄河与济水分流处的堤岸严重坍塌，以至于进一步发展成黄河、济水、汴渠各支派乱流的险恶局面，并最终导致黄河史上的第二次大改道。进入东汉后，黄河下游的灾患不仅没有减轻，而且更加恶化。黄河河道逐步向南侵蚀、蔓延，黄河、淮河间数十个县被严重泛滥的洪水所淹没。面对如此严重的黄河灾患，光武帝刘秀也曾一度有意治理，但因当时尚处于战后的恢复期而作罢。明帝执政后，在泛区民众的纷纷指责下，也酝酿要治理，只是因意见不统一，一时拿不定主意而未能及时动手。直到永平十二年(69年）才决定修治，并依照王景的意见，开始了一场大规模的治理活动。

王景，字仲通，原籍琅琊不其（今山东即墨县西南）人，东汉著名治河专家。

王景主持下的这次治河，是一次综合性的治水活动。治理黄河的主要工程就是筑堤，完成了自荥阳至千乘入海口千余里大堤的修复和建设。汴渠治理的工程重点则放在引黄入汴口的整治和水门建设上。由于这次治河的起因是黄河南侵，引黄入汴口门严重损毁，黄河、济水、汴渠乱流而引起的，因此对引黄入汴口的工程施治，就成了王景治河的关键性工程。

按史书记载，王景对汴口的治理归结起来就一句话"十里立一水门，令更相洄注"。因史料记载过于简略、模糊，后人对此事的评述多有推测。通过对文献资料和地理环境的研究，有关学者认为在黄河分汴处设置两处或两处以上水门，实行多首制，交替从黄河中引水入汴，是较为可信的。这从简要的历史记述中亦可得到印证。如《后汉书·王景传》中说：王景治河时，曾视地形、地势，对阻碍水道的山体和一些旧有的阻水工程进行了挖掘和破除，并对不需要的流水通道进行堵截。可以设想，王莽时期黄河改道后，荥阳以下的河道为平原型河道，要行治理，当以筑堤为主。而要整治汴渠，解决黄河、汴渠的乱流问题，首先应对引水口门进行重新规划和建设。这就需要在荥阳沿河一带的丘陵坡地上大做文章。因此可以说，上述的工程施治，重点就是围绕水门建设而展开的。另外，《后汉书·明帝纪》中的一段话也很能说明问题。在王景治河完工后，明帝曾对荥阳一带的治理工程进行了视察，并下发诏书说："今既筑堤，理渠，绝水，立门，河、汴分流，复其旧迹。"这里提到的"绝水，立门"，严格地说，指的就是王景治河的水门工程。"绝水"，就是堵塞和废除旧有或新冲开的不合理的分水通道；"立门"，即重新规划和建设引黄入汴的水门。

水门工程的建设是复杂的。一方面，黄河来水有丰水和枯水的季节之分；另一方面，荥阳以下的黄河河道又属游荡性河道，只有科学地设置口门，才可以做到在丰水和枯水期都能正常引水，并使引水口门尽可能适应黄河的溜势变化，确保引水成功。这也可能是两处水门为什么要相间"十里"的技术依据（与当时黄河溜势摆动范围有关）。当然，也是王景为什么把水门建设作为这次治河工程治理重点的真正原因。

王景的这次治河活动尽管时间仅用1年，但动用的人力和财力却是很大的。参与工程建设的人数多达数十万，投资"犹以百亿计"，治理效果十分明显。黄河和汴河得到了有效控制，数十年的黄河灾害得到了平息。此后，一直到魏晋南北朝，甚至下延隋唐，黄河下游河道相对稳定。因此，就产生了黄河"长期安流论"和"千年无患论"之说，并在相当长的时期内引起了多方面的探讨和争论。

揭秘"十里立一水门"

王景治河，"千年无患"。有人不仅把此归功于王景治河有方，而且认为他成功的秘诀就在于"十里立一水门"。但由于史料记载过于简略，含混不清，后人看法极不一致。如清人魏源在《古微堂集》一书中认为是在黄河上"十里立一水门"；近代著名水利专家李仪祉认为是在汴渠上"十里立一水门"[1]；近人武同举认为是在黄河分汴处立两处水门相距各十里[2]；也有认为是在汴口上下立若干处水门[3]，等等。其中，魏源、李仪祉的见解尤其引人注目。

魏源在假定"水门"即闸洞，王景治河时黄河可能已修有遥堤、缕堤的前提条件下，认为在黄河上设置水门，黄河盛涨时就可以通过水门溢出内堤（缕堤）漾至大堤（遥堤），后再通过水门退入河槽，"故言更相回注"，从而保证了黄河千年无患。李仪祉认为把"水门"设在汴渠渠堤上有以下几条好处：（一）汴渠之水不至过高以危堤岸；（二）涨水所含泥沙淀于堤后，使河与汴之间地淤高；（三）清水注入汴渠渠底不至淤积而反可刷深。唯其如此，故可使无复遗漏之患也。[4]

魏源、李仪祉的结论有其合理的一面，但明显把王景治河过于理想化了，并不为后人所接受。那么，"水门"建设作为王景治河的关键性工程，其设置方式到底如何呢？要弄清这一问题，我们首先必须对王景治河前黄河灾情产生的原因及当时的河情、河势有一个明确的认识。

王景治河，是东汉后期河、济、汴乱流的局面愈演愈烈的情况下进行的。据《黄河水利史述要》的分析，引发这一严重灾情的产生至少有以下两方面的原因：一是西汉哀帝时，魏郡（今南

① 李仪祉：《后汉王景理水之探讨》，《华北水利月刊》1935 第 3 期。

② 吴君勉：《古今治河图说》，北京：水利水电出版社，2020 年，第 18 页。

③ 武汉水利电力学院、水利水电科学研究院《中国水利史稿》编写组：《中国水利史稿》（上册），北京：水利电力出版社，1979 年，第 131 页。

④ 李仪祉：《后汉王景理水之探讨》，《华北水利月刊》1935 年第 3 期。

乐一带）以东，黄河决泛，纵横乱流，甚至难以分辨主次河道。二是平帝以后，河南郡荥阳县境内黄河河道发生了剧烈变化。由于河道大幅度向南摆动，导致河、汴分流处堤岸严重坍塌，以至于造成了黄河、济水、汴渠各支派乱流的严重局面，并发生了黄河有史以来第二次大的改道，即王莽始建国三年（11年）河决魏郡而形成的新河道，史称"东汉故道"。此后数十年间，由于疏于治理，黄河南侵并不断蔓延、扩展，使当时黄、淮之间大面积受灾，这在史书中有确切的记载。明帝时"自汴渠决败，六十余岁，加顷年以来，雨水不时，汴流东侵，日月益甚，水门故处，皆在河中，漭漾广溢，莫测圻岸，荡荡极望，不知纲纪。今兖、豫之人，多被水患"（《后汉书·明帝纪》）。

研究史料，分析王景治河前河、济、汴乱流局面形成的前因后果，不难得出以下几点结论：（1）黄河下游、汴渠两岸的灾情，除有"东汉故道"形成前后大河决溢的因素外，济、汴分流剧增，汴渠受损，济水泛滥，也是极为重要的原因。（2）济、汴乱流的直接原因，是黄河不断南侵，济水、汴渠与黄河衔接处自然地理环境发生巨变，以至于汴渠渠首多处水门被毁造成的。（3）水门损毁是渠首山体淘蚀、坍塌，堤岸毁坏，洪水漫溢的结果。汉明帝的一段话也印证了这一点。他说："或以为河流入汴，幽、冀蒙利。"（《后汉书·明帝纪》）意思是说：河水分入汴渠的多了，大河之水相应减少，北方水患就会有所减轻，可见当时大河南侵后对汴渠的严重影响。

但仅有以上认识，还极难论证王景治河的"水门"设置方式，还需对当时汴渠渠首一带的自然地理特征及大河走势有一个明确的认识。

以今人的眼光看，古汴渠的渠首大致位置当在荥阳、惠济、武陟、获嘉、原阳交界一带。那么，古时该区域的地理地貌特征又如何呢？据有关学者、专家考证，这里就是《禹贡》《史记·河渠书》中记述古黄河流路时所提到的大邳山的位置所在，面积约有100多平方公里，并从自然决溢、人力开凿等多个方面论证了其消失的原因。其中，王景治河前的黄河南侵，可以说是对大邳山山体最严重的一次侵蚀。以至于王景治河时，为有效地控制"水门"的引水量，避免黄河漫溢而不得不筑堤加以防护。关于大邳山的受损程度，史料中尽管没有确切的表述，但也有所反映。如在王景治河45年后，即安帝永初七年（113年），因山体再次受损，而不得不在石门（即汴渠引水口）附近修建"八激堤"以防大河冲刷。正是在大河淘蚀、自然决溢、人力开凿等多重因素的作用下，到了北宋以后，大邳山已被夷为平地，不见山形。至于当时这里的大河走势，有关学者在考证后认为，受大邳山的顶托，这里应是大河由西折向东北的转折点。

有了以上的分析和认识，我们对王景治河的"水门"建设就有一个大致的轮廓。（一）"水门"建设应是王景治河的工程重点，并投入了大量的人力、物力和财力；（二）"水门"设置应是依山傍水而建的，基本沿用了旧有的设置方式；是两种，也可能是多种，呈西南东北走向。大致区域位于今荥阳、惠济、武陟、获嘉、原阳交界一带。这样的设置形式，一是可以有效地控制引水量，避免丰水时多引，枯水时引不到水的情况发生；二是可以适应黄河的溜势变化，以保证正常引水。至于两处水门为什么要相间十里，可能与当时黄河溜势的摆动范围有关，也可能是泛指，并不确定。这样看，近人武同举所谓"盖有上下两汴口，各设水门，相距十里，又各于河滩上开挖倒沟引渠，通于汴口之两处水门，递互启闭，以防意外"①，还是有一定道理的。

这一猜测，最难得的是在有关王景治河的史料中也得到了证实。

《后汉书·王景传》记载王景这次治河时说：王景与王吴率卒数十万"修渠筑堤，自荥阳东至千乘海口千余里。景乃商度地势，凿山阜，破砥绩，直截沟涧，防遏冲要，疏决壅积，十里立一水门，令更相洄注，无复遗漏之患。景虽简省役费，然犹以百亿记。明年夏，渠成"。这段话表达了以下几层意思：一是规模大。工程涉及范围之广，参加人数之多，投入之大，都是前所未有的；二是运用了当时可能采取的一切技术措施；三是工程重点是汴渠渠首的水门建设；四是工程建设时间较短，仅用 1 年。

黄河治理有着很强的针对性，在封建社会表现得尤为突出。"头痛医头，脚痛医脚"，便是其真实的写照。王景治河是在河、济、汴乱流的局面下进行的。因此，要行治理就首先要抓住问题的症结所在。黄河在此前的 50 多年已先行改道，加之新河道流程缩短，河道相对稳定的可能性是极大的。因此，在治河上应以兴修、加固堤防为主；在治汴上，要达到标本兼治的目的，对症下药，首

---

① 吴君勉：《古今治河图说》，北京：水利水电出版社，2020 年，第 18 页。

先必须解决引水口门的问题。"水门"建设是王景治河的关键性工程，正是随着"水门"建设这一主体工程的完工，才在短短的一年时间内王景就完成了这次规模浩大的治河任务。

此外，这里还有必要对"水门"的构造做一交代。西汉时，汴渠的水门"但用木与土耳"（《汉书·沟洫志》），为土木结构。这种水门难以经久耐用，常常需要更修。东汉灵帝建宁年间，"于敖城西北，垒石为门以遏渠口，谓之石门……门广十余丈，西去河三里"（《水经·济水注》）。即是说，到了东汉中期，汴渠的水门已由土木结构改变为砌石工程了。石砌水门，较与土木建造的水门耐冲经久，是一大进步。

版筑不时操

"尺书前日至，版筑不时操"。这是唐代著名诗人杜甫在写给其弟杜颖的一首诗中的词句。"版筑不时操"，描述的是临邑县主薄杜颖带领民众为防洪而不断修筑堤防的场景。其实，这句诗也颇能反映魏晋南北朝和隋唐、五代时期的黄河堤防状况，只是"不时"的跨度要大一些。

如魏晋南北朝时期，治河活动鲜有记载，以致清人胡渭在《禹贡锥指》一书中研究黄河史后发出了"魏晋南北朝，河之利害不可得闻"的慨叹！不过，局部的治理仍未停止。魏晋之际对引黄入汴口门的整治和北魏后期的崔楷治河建议，就是两个突出的例子。据《晋书·傅玄传附傅祗传》称，黄初大水后，荥阳汴口石门冲毁，导致黄河、济水不断泛滥，为解除水患，邓艾写了《济河论》，提出治河意见，并发动民众重建了东汉时的石门工程。晋武帝时，汴口再次被洪水"侵坏"，傅祗出任太守后，组织人力兴修了一道草土围堰"沈莱堰"，平息了水患。

《魏书·崔辩传附崔楷传》不仅记述了北魏的水灾情况，还比较完整地记述了六世纪初的一次治河规划和治河活动。传记中，崔楷首先分析了黄河连年为患的原因，并提出实施筑堤、分疏的治河对策。朝廷采纳了他的意见，然"用功未就"，即把崔楷"诏还追罢"，修了个半拉子工程。

隋代没有治河的记载。唐代河患记载虽有增加，但见于文献的治河活动不过三四次而已，如开元十四（726 年）年的济州治河。时任济州刺史的裴耀卿，在未奉朝命的情况下，率领民众抢护堤防，"躬护作役"。但就在工程正在进行时，裴耀卿却接到了调任宣州刺史的任命。他担心走后工程半途而废，便加快施工进度，直至"堤成"，才"发诏而去"（《新唐书·裴耀卿传》）。裴公一心为民的精神，感动了当地百姓，济州人特立功德碑一座，以示纪念。

五代时，政治中心移至黄河下游，洪水灾害直接危及统治者的切身利益，后唐、后周、后晋的治河活动随之增多起来。同光二年（924 年），唐庄宗李存勖因曹、濮等州连年为河水所溺，命右监门卫上将娄继英率军修筑酸枣县（今延津县）堤防。因"未几复坏"，次年又命平卢节度使符习再修。同光五年（927 年），邺都组织 15000 人修卫州界河堤。长兴初年（930 年），因河水连续多年溢决堤防，滑州节度使张敬询组织人力修筑了酸枣至濮州的"二百里"长堤。后晋天福七年（942年），宋州节度使安彦威在堵塞滑州决口后，又筑堤堰数十里（《册府元龟·邦计部·河渠》）。周世宗柴荣即位后，针对当时的严重河患，于显德元年（954年）命宰相李谷督帅"役徒六万"，用1个月的时间堵塞了澶、郓、齐等州的多处决口（《资治通鉴·卷二百九十二》）。另外，这一时期的堤防管理养护也得到了加强，并出台了相应的管理制度。天福二年（937年），前汴州阳武县主薄左墀向朝廷进策17条，其一"请于黄河夹岸防秋水暴涨，差上户充堤长，一年一替；本县令十日一巡。如怯弱处不早治，旋令修补，致临时渝决，有害秋苗，既失王租，俱为坠事，堤长、刺史、县令勒停"。皇帝尽管认为"逐旬遣县令看行，稍恐烦劳"，还是采纳了"每岁差堤长检巡"的制度。天福七年，晋高祖石敬瑭又"令沿河广晋开封府尹逐处观察防御使刺史职并兼河堤使，名额任便差选职员，分擘勾当，有堤堰薄怯，水势冲注处，预先计度，不得临时失于防护"（《册府元龟·邦计部·河渠》）。

依据文献资料，唐代的河患比魏晋南北朝多，平均13年左右发生一次河决、河溢。五代时，河患增多，平均3年一次。在文字表述方面，魏晋南北朝时期几乎全称"河溢"，泛滥地点也不确定；唐代，河决、河溢并称，多数有决溢地点和简要灾情；到了五代，"河决"多于"河溢"，地点和灾情也较详细。单从这些情况看，基本符合黄河下游河道的演变规律。黄河是一条多泥沙河流，东汉故道历经数百年，河床淤积加重，灾害势必加重，灾情当然也会越来越引起国人的重视。

　　这里，还很有必要对东汉故道能够长期相对稳定的原因做一简单交代。据《黄河水利史述要》分析认为，首先是王景治河后黄河下游有了一条比较理想的河道。这条线路入海距离短，比降陡，河水流速和输沙能力大，加之南岸有泰山余脉阻挡，北面是淤高了的西汉故道，河水从一条比较低洼的地带通过，这就给黄河下游河道的稳定起了重要的作用。

　　其次，是黄河下游多个支流、湖泊分水、滞蓄洪水、泥沙的结果。东汉以后，黄河下游仍有汴水、济水、濮水、漯水等许多分支，还有许多湖泽和旧的河道。汛期，这些分支、湖泽和旧道，从大河分流洪水，削减洪峰，相应也就减轻了堤防的压力。同时，也分流了泥沙，减缓了下游河道淤积抬升，延长了河道寿命。

　　第三，是中游植被转好，水土流失减轻。东汉以后，黄河中游地区人口大量减少，大批耕地由农转牧，植被减少情况可能有所改善，水土流失有了一定程度的减轻。这样，也就相应地减少了黄河携带的泥沙含量，延缓了下游河道的淤积，使河道能够维持较长的时间。

　　最后，是社会原因。魏晋南北朝和五代，社会动荡，政权频繁更迭，势必导致堤防的削弱、破坏，致使黄河长期处于自由泛滥状态。而泥沙淤积范围的扩大，又进一步减缓了主河槽淤积抬升速度，河道相对稳定就成为可能。唐代，正史记载的黄河决溢不多，则可能与当时藩镇擅权、地方割据，漏记河决、河溢有关。另外，唐书中的大水记载，有相当一部分实际也包含了黄河决溢，只是由于大水发生后，汪洋一片，决溢难分，地方当局未加核实或统计罢了。

堵口关乎国事

说起"唐宋八大家"之一的欧阳修，不少文学爱好者可能会很快想起《秋声赋》《醉翁亭记》等文学名篇，并为这些说理畅达、抒情委婉、条理明晰、语言流畅的散文而击节鼓掌，拍案叫好。但若要把欧阳修与黄河的治理联系起来，恐怕知道的人就不多了。

这，还得从北宋商胡改道后的一次堵复堤防决口的论争说起。宋庆历八年（1048年），黄河在澶州商胡埽决口，大河改道北流，经大名府、恩州、冀州、深州、瀛州、永静军、乾宁军等地入海。当时因连年灾荒不断，民众贫弱，朝廷虽然派员进行了考察，但并没有及时堵塞决口。皇祐三年（1051年），黄河又于今河北馆陶境内决口，一年后被及时堵塞。鉴于北流河势不畅，河患严重，朝廷不少大臣极力主张堵塞北流，使大河回归东流故道，并初步打算从各地调集30多万人，疏浚河道，修筑堤防，堵塞决口。时为翰林学士的欧阳修及其他一些大臣则认为该方案不妥，反对回河。至和二年（1055年），欧阳修两次上书皇帝，以史学家的敏锐眼光直陈不能回河的理由，从而与黄河的治理结下了不解之缘，留下了一段难得的佳话。

史学家目光如炬，话语更是入木三分。欧阳修这两份治河奏疏尽管仅仅着眼于黄河决口的堵复，对象单一，内容具体，但站位高远，结合实际，引经据典，做到了以理服人。在第一份奏疏中，他通过全面分析宋王朝自然、社会、经济所面临的严峻形势，借鉴大禹治河的经验，从五个方面阐述了不能回河的原因。一是秋春两季全国普遍大旱，特别是河南、河北一带尤为严重，强调在这样的重要关口，朝廷聚焦而应重视的是抚恤赈济灾民，安定民心，救民于水火，堵口兴役，加重负担，只能是火上浇油；二是河北战争平叛后的数年间，民不聊生，满目疮痍，人民亟待休养生息；三是国库空虚，民困国贫，要塞决泛滥多年的口门，人力、物力、财力尚难以满足。以上这三条，说穿了就是怕因治河而激起民变，危及赵宋王朝的根本利益。四、五两条讲的是即使堵塞了决口，大河也未必就能够顺利恢复故道。这里欧阳修引用大禹治水的例子，阐明了治河应因地制宜，遵循水流规律的道理。（《宋史·河渠志》）

然而，尽管欧阳修言辞确凿，掷地有声，当权者并未采纳他的建议。于是，他不得不再次上书皇帝，陈述其反对回河的理由。在这份奏疏中，欧阳修依据自己的观察和研究所得，从分析黄河淤积决溢规律入手，进一步探讨了不宜回河的原因。他认为，黄河多泥沙，河道淤塞是很正常的事。河道淤积、河床抬高、水流壅积，就可能使堤防薄弱处出现问题，引发灾害。接着，他又回顾了北宋建国以来下游河道和河势变化的特点，以及泥沙淤积与堤防决口的关系，强调商胡改道前的下游故道已远远高于现今的河道，要堵塞决口，恢复故道，断不可能。这一论断尽管偏颇，但就当时的河情、河势而言，还是很有见地的。同时，欧阳修还针对有人为堵塞决口而把引河开挖的宽度确定为"五十步"，认为这是非常可笑的，断言这于堵口工程来说，是只有分水之名，不

可能起到真实有效的作用，最终只能是灾上加灾，有害而无利。(《宋史·河渠志》)

欧阳修的第二份奏疏上达皇帝后，在朝廷引起了激烈的争论。反对者以解除河北一带洪水灾患为由，要求堵塞决口，并逐渐占了上风，得到了皇帝和宰相的支持。当年，宋仁宗赵祯下令实施堵口工程，一年后完工。但随之复决，不幸被欧阳修所言中。这次堵口，也以一大批官员被流放或贬职、回河失败而告终。(《宋史·河渠志》)

黄河河患是中华民族的心腹之患，自古以来是一条极为复杂难治的河流。特别是在以农业为主的封建社会，由于生产力发展水平不高，治河的手段、技术低下，要行治理，多靠对已有经验的总结和统治者的个人意愿。加之河流知识与技术水平的局限性，表现在治河上往往是头痛医头，脚痛医脚，这从欧阳修的上述言论中不难看出。第一疏，谈的主要是治河与封建政治的关系，告诫当权者千万不要因小失大，危及王朝的国家安全。第二疏，对黄河危害的一些内在因素分析得尽管头头是道，有理有据，与现实结合得也十分紧密，但其主要观点，今天看仍难免失之偏颇。但值得肯定的是，正是有了前人的持续关注，特别是像欧阳修这样的名人、重臣的不断的分析、总结、研究和探讨，才促进了治河技术的不断发展和进步。

黄河宁，天下平。善治国者，必重水利。黄河作为一条河患频繁的河流，更是历代统治者关注的重点。历史告诉我们，国家统一与社会稳定是黄河治理开发的基本前提。大凡国家统一，社会稳定，国力强盛并用人得当，黄河就能得到比较有效的开发、治理；黄河的安宁，又使得人民得以休养生息，经济社会得以快速发展。而国家分裂，国运衰微，黄河就被忽略；黄河的频繁泛滥，又使民众流离失所，疾疫刀兵横行，兵燹连年，民怨沸腾，乃至朝代更替。

欧阳修是我国古代著名的文学家和史学家，能够如此关注黄河，并就黄河的治理提出自己的一些真知灼见，是职责所在，更体现了黄河治理开发在国人心中的重要地位。

但欧阳修关于黄河的作品留下的并不多，仅有《巩县初见黄河》《黄河八韵寄呈圣俞》等。这两篇诗作均成于欧阳修进士及第不久，其对黄河的关注之深切、认识之深刻，可见一斑。第一篇描写了黄河奔腾咆哮的壮丽景色、大禹治水的功业及黄河历代为害的凶顽，笔力汪洋恣肆，十分壮阔。第二篇则通过对黄河不同季节、各个河段的景色的生动描述，昭示世人要继承大禹治水的精神，完成大禹未完成的事业，读来亦感人至深，备受鼓舞。

宰相与黄河

王安石（1021～1086年），字介甫，号半山，世称荆公，抚州临川（今江西临川）人，北宋著名政治家、思想家和文学家。他作为一名有成就的政治家，在其两次入朝拜相期间能够积极变法，推行新政，抑制了大官僚、大地主、大商人的特权，维护了中小地主和生产者的利益，缓和了当时的阶级矛盾，巩固了宋王朝的皇权统治。要谈王安石与黄河，也正是他在宰相任上发生的事。

水利是农业的命脉。王安石是一名相当有作为的政治家，对水利与农业生产二者关系的认识也极为深刻。因此，他在水利上做的文章也最大，对宋王朝政治、经济影响极大的黄河治理，更是投入了不少的心血。

熙宁二年（1069年），王安石入朝辅政。当年，在他的主持下就制定并颁发了《农田利害条约》，即通常所称的农田水利法。在神宗皇帝的大力支持下，王安石大刀阔斧，狠抓落实，不仅在全国各地设立了农田水利官，而且还由朝廷直接委派官员巡视、督察各地兴修水利事宜。由于措施得力，很快便在全国形成了"四方争言水利"、兴修水利工程的高潮。据史书记载，从熙宁三年到元丰元年（1070～1078年）的9年中，全国兴修和恢复水利工程1万多处，有36万多顷土地受益（《宋史·食货志》），变成了旱涝保收田。如三白渠的兴建。熙宁五年（1072年），陕西提举常平杨蟠和泾阳知县侯可提出了一个开石渠的方案。神宗派员考察后，明确告知王安石"三白渠为利尤大，兼有旧迹，自可极力兴修"，并表示"纵用内帑钱，亦何惜也"（《宋史·卷九十五》）。几经周折，该工程于大观四年（1110年）完工。"于是乎导泾水深五尺下泻三百故渠"，泾阳、醴泉、高陵、栎阳、云阳、三原、富平等7县2.5万顷土地得到有效灌溉。因此，李好文在《长安志图》一书中赞誉"上嘉之，诏赐名曰丰利渠"。

而在黄河下游则引发了一场引黄放淤、开发黄河水利的革命，把黄河水沙利用推向了一个新的阶段。这也是北宋以前所从来没有过的。据记载，在沿黄各府、路兴修水利工程达 750 余处，灌溉面积有 10 万顷之多。黄河下游两岸竞相引浑水淤地，改良土壤，使大片荒漠变为良田。为了淤田，朝廷专门设立了沿汴淤田司；为了淤田，个别地方甚至把宋王朝视为命根子的漕运暂停 20 天（《宋史·河渠志》）。而开展引黄放淤活动，则长达 10 年，从而有力地促进了黄河下游两岸的农业生产，也为进一步巩固宋王朝的皇权统治打下了良好的基础。

对黄河的治理王安石同样极为关注和重视。这主要是因北宋京城位处黄河下游，河患与统治者的利害关系紧密相连，而北宋时期黄河灾害又非常严重而引起的。当然，王安石作为当朝宰相，面对严重的河患，于黄河治理也有着义不容辞的责任。

北宋时，黄河已进入"东汉故道"行河的末期。由于这条河道行水时间已近千年，河床淤积相当严重，河道变迁十分剧烈，决、溢、徙都创造了有史以来的新纪录。如在北宋建国后的 80 多年中，黄河下游决口 30 多个年份就有 50 余次，并最终酿成黄河的第三次大改道——商胡改道。此后，围绕是否堵塞决口恢复故道东流，在朝廷内部又引发了长达 40 多年的"东流""北流"三次"回河"之争。王安石主政期间，正是第二次黄河"东流""北流"之争最激烈的时刻。一方以司马光为首，他们通过实地考察，从当时的河情、河势出发，认为"东流"的方案应稳妥可靠，采取的方法应当循序渐进，待河势有利于工程实施时，再闭塞"北流"。但王安石在听取司马光的汇报后，却明确表示反对，认为司马光不赞成回河"东流"，提出要缓办，是在故意找茬、推诿，便不再让他过问河事。探究个中原因，除王安石急于消除黄河灾害，稳定农业生产的因素外，亦可能与司马光始终不赞成王安石的改革有关。然而，实践证明司马光的这一意见是正确的。就在"北流"被堵塞不久，黄河又再次东决。屡堵屡决，河患依旧，神宗皇帝失去了信心，意听之任之。但王安石却不赞同，认为如果不堵塞决口，不仅大量良田荒芜，而且任黄河水泛滥只能加重灾害。并且，堵塞"北流"后，淤荒地还可变成大面积的良田，用于修堤的人力和费用也可大为减少。由此，不难想到王安石治河的良苦用心。

王安石对解决黄河的泥沙问题也相当重视。他是机械法疏浚河道泥沙的积极倡导者和实践者。

据记载，当时民间曾有一位名叫李公义的人，向朝廷进献铁龙爪扬泥车用来疏浚黄河河道。这种方法简单地说，就是用船拖铁爪在水中急行，从而使沙起水浑，水沙俱下，达到疏浚河道的目的。宦官黄怀信将此人推荐给王安石。王安石同意后，黄、李二人又进一步研究、改进，将铁龙爪扬泥车改制成疏浚杷。该杷长八尺，上装齿长二尺，形状如农田犁杷地用的杷。用此杷疏浚河道时，在杷上压巨石，然后再用粗绳与船载的绞车相连，船走，绞车绞，使河道泥沙与水俱下。王安石观看后非常赞赏，并上报神宗说，此法不仅可用，而且可以节约大量的河道疏浚费用。后经神宗同意，朝廷还为此专门设置了疏浚黄河司，推广此法，疏浚河道。据记载，当时利用这一方法曾由卫州（今河南新乡一带）疏浚黄河至入海口（《宋史·河渠志》），但终因效果不佳而作罢。

然而，这种勇于创新的精神却是值得肯定的。他为我国人民试图以机械力解决黄河泥沙淤积问题开了先河。

谈王安石与黄河，还不能不从文学角度谈谈他与黄河的密切关系和深厚感情。因为，王安石是"唐宋八大家"之一，是我国历史上著名的文学家，并以描写山水风光见长，而黄河诗在他描写山水风光的作品中更是光彩熠熠。如《黄河》："派出昆仑五色流，一支黄浊贯中州。吹沙走浪几千里，转侧屋间无处求。"不仅描写了黄河的壮美景色，还以政治家和文学家的独到眼光透视了黄河经常发生的灾害，可谓意境清新，在古代黄河诗词中独树一帜。另外，还有一些作品则借用文学的形式直接反映了他对黄河治理的态度和观点，写来亦状景传神，意趣盎然。

三次回河之争

公元 1048 年发生的黄河商胡改道，是黄河历史上的第三次大改道。在此后的三四十年间，北宋王朝出于统治需要，曾三次堵口回河东流归故，但均以失败而告终。以至于到了北宋末年有人在总结这一时期的治河时发出了"河为中国患，二千岁矣。自古竭天下之力以事河事者，莫如本朝。而徇众人偏见，欲屈大河之势以从人者，莫于近世"（《宋史·河渠志》）的感叹。

分析三次回河失败的原因是多方面的，有自然原因，也有社会原因。从自然和技术角度看，首先是对改道后新河道的地理、自然状况认识不清，导致决策一错再错。这从欧阳修、司马光、苏辙、范百禄等众多反对回河东流而给皇上的意见条陈中均可看出。在第三次回河时，以苏辙等人为代表的反对派就举出"东流高仰，北流顺下"的观点。曾任刑部、吏部侍郎的范百禄在奉命勘察河道后也撰文说："既开掘井筒（北宋时测量地形水平高下的方法），折量地形水面尺寸高下……皆谓故道难复。"（《宋史·河渠志》）可惜，他们的正确意见难以得到采纳。

其次，对河道变迁的规律缺乏正确的认识。商胡改道前的黄河下游河道大致和隋唐五代时相同，已有近千年的历史，可以说已到了晚期。河床淤积严重，决溢灾患不断。这从北宋以前对河患的历史记载中就可看出。改道后的黄河，因势就低，尽管有入海途程较远，又"横遏西山之水"等不利因素的存在，但作为新的河道，仍极具生命力。如果能在新河道沿岸加强堤防，像欧阳修所说的那样，"因水所在，增治堤防，疏其下流，浚以入海"（《宋史·河渠志》），而不是强行回河东流，黄河的灾害可能要稍轻些，更不至于劳民伤财，三次失败，加重河患。

第三，从堵口技术和采取的措施上看，在堵复口门时没有对故道进行全面的疏导，而所开河道又过于狭窄，也是导致多次回河失败的重要原因。如在第一次回河时，欧阳修针对新开河道过窄曾在上书的条陈中说："欲以五十步之狭，容大河之水，此可笑者"，并断言"于大河有减水之名，而无减患之实"（《宋史·河渠志》）。事后，果然印证其言。

社会原因是多方面的。首先，在于当权者不能正确认识、对待决口改道后黄河严重的决溢灾患。综观三次回河之争，在堵与不堵之间，是否回复故道，当权者事前多选择北流，即新河道。

为什么改变主张？则起因于改道后的决溢灾患。第一次东流、北流之争，就起因于仁宗三年（1051年）新河道在馆陶郭固口决口。第二、三次也是北流发生决口而引起的。反对北流一方，不能正确认识决溢灾患，皇帝作为最高决策者举棋不定，听不进不同意见，从而错上加错，导致多次回河的失败。其次，是否回河，取决于统治阶级的利益。赞成北流的，尽管其意见有正确的一面，但在陈述其理由时也往往把维护统治者的利益放在第一位。如欧阳修在上书的条陈中就强调：在"国用方乏，民力方疲"之际，以"三十万人之众，开一千余里之长河"，不但人力、物力不允许，而且会引起"流亡盗贼之患"（《宋史·河渠志》），危及赵宋王朝的根本利益。反对者则除着眼于河北水患外，另一重要论点就在于防辽（即契丹）。如在第三次回河之争时，大臣王觌提出的北流三患，王岩叟列举的北流七害等均不外乎于此（《宋史·河渠志》）。当然，在三次回河之争中，也不排除参与争论双方的政治斗争。

　　三次回河尽管均以失败而告终，但其对后人治河的影响是巨大而又深远的。一是引发了世人对黄河问题的高度关注。三次回河引发的大争论，在北宋以前的历朝历代中是从来未有过的。在短短的数十年中，上自皇帝，下及群臣，许多人都参与了争论，黄河治理一时成了人们谈论的焦点，从而增强了世人对黄河的关注和重视。二是进一步加深了人们对黄河自然规律的认识。理不争不明，黄河灾患及治理有其内在的规律，大争论促进了大发展。人们对黄河自然规律认识的提高，使北宋成为我国治河的重要发展时期。三是促进了治河措施的加强和河工技术的提高。在治河措施上，鉴于严重的河患，宋代已明确地规定了治河的责任制度，也都出台了堤防岁修、治河工役等一些具体的措施。河工技术上，除对河情、河势、工情有了更明确的认识外，埽工、堵口、测量、机械浚河等技术也有了很大的发展和提高。四是促进了全国农田水利工程的大发展。如开展了较大规模的引黄放淤等。另外，总结三次回河论争，还发现一个有趣的现象。欧阳修、王安石、苏轼、苏辙、曾巩（均名列"唐宋八大家"）、司马光等作为文学、史学名家都参与其中，谈论河事，这恐怕也是空前绝后的。

高超合龙门

"高超合龙门"的事迹发生于北宋。所谓"合龙门"就是决口口门经过进堵，最后合龙闭气，完成口门的堵复。

在汉代，堤防堵口方面创造发明"立堵"和"平堵"的技术后，随着生产力水平的不断提高，至北宋又有了进一步的发展。这在宋人沈立所著的《河防通议》中有明确的记述。按宋人的总结，这时的堵口工程大致有如下几个重要步骤：第一步，是在口门两侧坝头竖立标杆，架设浮桥，主要是为了便于河工通行。同时，通过浮桥的架设，也可起到减缓口门流势的作用。第二步，在口门的上端打桩，抛石料和柳料，进一步缓和流速。第三步，于两岸分别修建三道草埽、两道土柜，并向口门中央抛席袋土包。第四步，待进至合龙时，大量抛下土袋土包，并鸣锣击鼓以助声势。第五步，闭河后，于合龙口前压拦头埽，在埽上修压口堤。如果草埽埽眼出水，再用胶土填塞，堵口工程即告完成。分析这种堵口方法，实际上应是立堵和平堵二者相结合的方式。

由北宋著名科学家沈括在《梦溪笔谈》中记述的"高超合龙门"，则又是一种新的堵口方法。

庆历八年（1048 年），黄河在澶州商胡埽决口。为解除黄河灾患，宋廷委派官员组织实施了堵口工程，但在合龙工程中却遇到了难题，数十米长的龙门埽因不能直接下沉水底，而导致口门难以堵塞合龙。鉴于这种情况，河工高超向主持堵口工程的官员建议，将数十米的龙门埽分割为三节，并用绳索相连，施工时，先下第一节，待其沉底后，再压第二、三节。以现代眼光看，采用这种方式最起码有以下两个好处：一方面便于施工。堵口合龙由于受水情变化的影响极大，加之施工场地狭窄和料物供应困难等，实际上是一场抢时间、比速度的硬仗。将原来数十米的龙门埽分节，再行施工，不仅方便而且还可以大大提高工效。另一方面，便于埽体下压入水底。受埽体浮力和口门水流速度的影响，埽体越大，越不宜人力压实和控制。埽体分割后，再分步施工，即可有效减轻这一问题的发生。结果也是这样。按高超的建议，先在迎水面下第一埽，到底后，口门过水虽不断流，然而水势已减半。接着下第二埽，这时纵然还过一点水，但只是小漏，过水量已经很少。第三埽在平地施工，下水更易，到底后，口门迅速堵合断流。据沈括所著《梦溪笔谈》说，当时主持堵口的官员"不听超说"，仍以老方法堵口，造成了失败，且因此受到了处罚。后来，采纳了高超的建议，商胡堵口得到了成功。

在长期的封建社会条件下，受生产、技术等因素的影响，黄河很难得以及时、有效的治理，更谈不上综合治理。治标不治本，下游堤防的建设与守护也就成了封建治河的重头戏。决口是对堤防的重大破坏，也是引发黄河灾害的罪魁祸首。因此，除兴修堤防外，古老治河的最直接方式就是堵塞决口。这也是历代统治者、治河工作者重视堵口及其工程技术研究和总结的重要原因，并产生了汉武帝瓠子堵口等多个影响巨大的堵口范例。那么，高超合龙门何以典型呢？

仔细分析起来主要有两点：一是高超合龙门的实践突出了龙门口的截堵。翻阅史料不难发现，重点介绍龙门口截堵的方式方法，是从宋代高超堵口开始的。堵口工程是一项规模浩大的工程，不仅参加人员多，物料要准备充足，而且施工技术复杂。单从工程的施工角度讲，主要分准备阶段和合龙阶段。而合龙阶段，则事关整个堵口工程的成败，前期的一切工作可以说都是为口门合龙做准备的。宋代以前，因史料记述过于简洁，对历史上的堵口工程仅能了解个大概而已。如《史记·河渠书》对汉武帝瓠子堵口的记述，仅有二三百字。而《梦溪笔谈》对高超的堵口则较为具体地记述了龙门口堵截的方法，因此给后人留下了很深的印象，并使后人有了好的借鉴。二是歌颂了高超这个普通河工勇于革新的事迹。创新，是推动事物发展的不竭动力；堵口与治河之重要，自不待言。正是在治河历史上有了千千万万个高超式的人物，才推动了黄河治理与开发的不断进步和发展。今天，随着新材料、新技术、新发明的不断涌现和广大水利科技工作者的深入研究，反复试验，堵口这一古老的工程技术也发生了翻天覆地的变化。黄河上传统的立堵、平堵和混合堵等方法不仅有了质的变化和进步，而且在此基础上还诞生了一系列全新的堵口方式方法。

然而，关于高超合龙门的事迹尚有不少历史疑问。据有关学者研究发现，商胡于庆历八年决口后，只在至和三年（1056年）堵过一次口，当天就又复决，以后再未堵口。另外，主持堵口的主要官员也似有误。[①] 这些，都还有待进一步研究。

堤防省而水患衰

自春秋战国有堤防工程以来，它就一直是解决黄河下游防洪问题的一项重要措施，并受到了历代统治者、治黄人的高度重视。但由于黄河治理的艰巨性、复杂性及其严重的水患灾害，加之大禹治水的长期影响，人们对堤防的存在价值和作用多有异议，并在相当长的历史时期内成为治河争论的焦点。如汉代，对堤防的作用和地位就评价不高。甚至最高当权者"皇帝"在决策治河时，也因此而犹豫不定。至宋代，争议之声再起，王公大臣有看法，皇帝也不得不有所表示。

宋太祖赵匡胤面对严重的黄河水患也曾下诏说："至若夏后所载，但言导河至海，随山浚川，未闻力制湍流，广营高岸。自战国专利，堙塞故道，小以妨大，私而害公，九河之制遂废，历代之患弗弭"（《宋史·河渠志》）。他在盛赞大禹治水的同时，对

---

① 水利部黄河水利委员会《黄河水利史述要》编写组：《黄河水利史述要》，北京：水利电力出版社，1984年，第170页。

堤防这一治河措施横加驳斥。

他的孙子宋神宗则说得更妙。"河决不过一席之地，或东或西，若利害无所较，听其所趋如何？""水性趋下，以道治水，则无违其性可也。如能顺其所向，徙城邑以避之，复有何患？虽神禹复生不过如此。"（《宋史·河渠志》）统治者如此言语，仿佛堤防成了河患的元凶。

北宋著名文学家、书法家、画家苏轼则认为，筑堤是占小便宜吃大亏，是顾小不顾大。他在《东坡七集》一书中曾着重强调："治河之要，宜推其理而酌之以人情，河水湍悍，虽亦其性，然非堤防激而作之，其势不致如此。古者，河之侧无居民，弃地以委水。今也堤之，而庐民其上，所谓爱尺寸而忘千里也。故曰堤防省而水患衰，其理然也。"意思是说，洪水的肆虐，堤防有不可饶恕的责任，要减轻水患，必须少修堤防。修堤，是保护了局部，毁坏了大局。

凡事有利就有弊。对堤防这一重要防洪工程措施，更要一分为二地去正确看待。从历史的角度看，对堤防的重要作用首先应该是肯定的。即使科学技术发展到今天，堤防这一古老的建筑物仍在应用，并发挥着越来越重要的作用就是很好的明证。

那么，为什么在相当长的历史时期内对堤防工程会有那样深的误解呢？其一，表现在治河与人类的关系上。自然灾害关系着人类的生存和社会的发展，治河是人类社会发展的必然要求。治则利，不治则害，特别是像黄河这样一条河患频繁的河流，更是如此。因此，以为河本无事，把河患归罪为堤防，是十分错误的。

当然，河患的发生也与人类不能善待自然密切相关。在我国历史上，黄河中游黄土高原地区因长期不能得到有效的生态保护，水土流失加剧，直接导致了下游河道淤积的加重，从而使黄河成了"善淤、善决、善徙"的地上"悬河"和忧患之河。

其二，是对黄河问题的艰巨性、复杂性认识不足。源于大禹治水的影响，拘泥于尊经崇古的思想，限于落后的生产技术条件，在我国相当长的历史时期内，国人对黄河内在规律的认识和把握并不十分准确。因此，也就难以拿出一个很好的治理方略，对所采取的一些具体措施出现争论就在所难免。在宋代，尽管已认识到了河道狭窄、河床抬高是黄河灾患的主要成因，希望能够"宽立堤防，约拦水势"（《宋史·河渠志》），但并未拿出相应而又可行的治理对策。至于人为的制约因素，则更多。沈立在《河防通议》一书中记述如河官间的"上下相制，因循败事"，防汛物资的管理混乱，河役的调配不力等。黄河灾患是严峻而又残酷的，历朝历代的治黄投入是巨大的。面对严重的灾情和巨大的投入，人们对堤防工程这一重要的防洪措施寄予了很大的希望，然而现实并非如此。屡建屡毁，三年两决口，人们对堤防多有微词也就不足为怪了。

其三，更多的是对现实的考量。综观北宋时期的黄河，有如下三大特点：一是决口、改道频繁。据统计，在北宋王朝统治的168年间，黄河决、溢的年份有66年，决口总数达165次，平均起来，几乎每年一次；大的改道有5次，占黄河有史以来26次大改道的近五分之一。决口、改道之频繁，可谓创黄河有史以来的纪录，为黄河改道最多的时期之一。二是灾害重。如天禧三年（1019 年）的滑州决口，受灾州县达 32 个。熙宁十年（1077 年）的澶州决口，被淹的郡县有 45 个。而政和七年（1117 年）的瀛、沧州河决，竟淹死百万多人，造成了一次惊人的大灾难。三是投入多、规模大，参与民众多、负担重。右谏议大夫判都水监沈立在《河防通议》一书中谈到黄河的防御问题时，就明确指出："自龙门至于渤海为埽岸以拒水者凡且百数，而薪刍之费，岁不下数百万缗，兵夫之役，岁不下千万功。"天禧三年（1019 年），为了堵塞滑州决口，朝廷曾一次"发兵夫九万人治之"。从景祐元年（1034 年）河决澶州横陇埽至嘉祐五年（1060 年）河决大名第六埽，短短 20 多年先后形成横陇故道及北流、东流河道。其中，仅北流河道就新修堤防 1000 多里，其他两个河道的堤防长度也大体相当。当时全国人口不过 5000 多万，面对如此巨大的修堤任务，百姓的负担可以想见。而在熙宁元年（1068 年）的一次朝会上，都水监丞李立之为说服皇帝维持北流，大胆建议新修堤防"三百六十七里"。绍圣元年（1094 年）的一次治河工程，不仅堵塞了多处决口，还同时"创筑新堤七十余里"。由于治河工役重，朝廷不得不出台制度加以保证。宋初，"黄河岁调夫修筑埽岸，其不即役者输免夫钱。"在黄河东流时期，"京东、河北五百里内差夫，五百里外出钱雇夫，及借常平仓钱买梢草，斩伐榆柳"。熙宁、元丰年间，治河任务十分繁重，治河民力不足，以致"本路不足则及邻路，邻路不足则及淮南"。据《宋史·食货志》记载，为征调劳役，于"淮南科黄河夫，夫钱十千，富户有及六十夫者"。到了大观年间，"河防夫工，岁役十万，滨河之民，困于调发"。为解决这一难题，朝廷又制定了"上户出钱免夫，下户出力充役"的规定。王安石在一首诗中写道："今年大旱千里赤，州县仍催给河役"正是北宋河工紧迫，征役繁多的真实写照。

埽工正式得名

埽工在黄河堤防上的应用，最早可追溯到西汉。元封二年（前109年），汉武帝亲自主持瓠子堵口。司马迁记述当年为采集堵口用料，曾"下淇园之竹以为楗"。"淇园"，是战国时卫国的皇家园林。为了堵口，淇园的竹子都被砍了，不难想见，所用的薪材之多。汉武帝在纪念瓠子堵口成功的《瓠子歌》中，提到堵口所采用的主要技术手段是："颓竹林兮楗石菑，宣防塞兮万福来"。"宣防"，是指瓠子决口堵塞后，在其上修筑的宣房宫。后世因而常将此次堵口工程称作"宣房役"。这里的"颓竹林兮楗石菑"，即在竹条编织成的竹络中间填块石的构件，与埽的结构相类似。沈立认为："埽之制非古也，盖近世人创之耳。观其制作，亦椎轮于竹楗石菑也"，把瓠子堵口的竹楗石菑视为是埽工的起源。成帝建始四年（前29年），王延世堵口时所采用的"以竹落长四丈，大九围，盛以小石，两船夹载而下之"的做法，是又一个例证。

利用薪柴筑埽巩固和保护黄河堤防，尽管早有记载，但发展缓慢。到了北宋，这一工程措施快速发展起来，并有了正式的名称——埽工。这些埽工，均以所在地名命名，实行准军事化管理，所需维修经费也按年拨付，张师正在《括异志·大名监埽》一书中记述"凡一埽岸,必有薪菱、竹楗、桩木之类数十百万以备决溢。使臣始受命,皆军令约束"。有学者在研究有关文献资料后发现,北宋时期有名可考的埽工多达125座。如天禧年间(1017～1021年)上起河南孟州下至棣州(今山东惠民)共有埽工45座。此后的横陇河道、二股河,以及几次北流,也大多随之修建了埽工。如元丰四年(1081年),根据主管官员李立之的建议,沿当时的黄河北流河道,"分立东西两堤五十九埽",并按照距离主流的远近分为三等加以管理。而以某地命名的埽工,实际上已成为险工名称和修防机构了。

黄河堤防为就近取土而成,且以砂壤土居多,耐冲性差,侵蚀率高,建设及平时的管理和汛期防守至关重要。据统计分析,黄河堤防决口有平工多于险工,溃决、冲决多于漫决的特点。漫溢决口,是因洪水漫过堤顶而造成的。溃决、冲决则更多的是与堤防修筑的土质和质量,以及管理和防守有关。因此,守护堤防,为险情抢护争得时间,重点加固险要堤段,就成为治河人必须思考解决的问题。

北宋时期的严重河患,迫使治河者必须创新思路,在巩固堤防上大做文章,埽工亦随之大规模推广开来。埽以薪柴(秸、苇、柳等)、土、石为主体,以桩绳为联系而成。历史上,因石料开采不易、运输困难,尤其缺乏水下胶结材料,兴修防护能力更强的砌石坝十分少见。筑埽却可就地取材。因此,埽也就成了保护和加固险要堤段的主要工程措施。另外,埽还是堤防堵口和工程截流的主要手段。到了近代,随着混凝土材料的推广应用,埽工才逐渐被砌石坝工所代替。但埽工技术在小型防洪工程、引水工程以及施工围堰工程中仍有应用。

埽工是我国古代治河工程的一大发明，具有显著的优点。从施工的角度看，埽工为水下工程，但是可以水上施工，分段、分坯施工，而且能在深水情况下（水深20米上下）施用，可用来构筑大型险工和堵口截流。同时，梢草、土石等虽为散料，但可以用绳索桩木等联结固定成整体，且柔韧性强，便于适应水下复杂地形（尤其是软基）。特别是在黄河这一多沙河流上使用，便于泥沙充填进埽体，凝结坚实。另外，用埽工构筑施工围堰，完工后便于拆除。

但埽工也存在严重的缺陷，一是梢草、秸料和绳索等易于腐烂，需要经常修理更换、花费较多；二是埽体的整体性较石工等永久性建筑物差，往往一段坍陷、牵动上下游埽段连续坍塌、走移，形成严重险情；三是埽工桩绳操作运用复杂，必须由熟练的工人施工。

关于埽工的修建和埽的制作，宋时有了更为详细的描述。据《宋史·河渠志》载："先择宽平之所为埽场。埽之制，密布芟索，铺梢，梢芟相重，压之以土，杂以碎石，以巨竹索横贯其中，谓之心索。卷而束之，复以大芟索系其两端，别以竹索自内旁出。"即先有序排列草绳，在其上铺梢枝和芦苇等软料，再压土石，并将大竹绳横贯其间。然后卷而捆之，用极大的苇绳拴住两头。这种埽的体积庞大，"其高至数丈，其长倍之"，常需几百人、上千人应号齐推，才能将其放置、固定在堤身的薄弱部位，称为"埽岸"。

另外，在沈立在《河防通议》中还记述了另一种卷埽形式，特点是只用薪刍等软料，体积也相对较小。修埽时，可以连接加长、打捆加粗，也可以逐层加高，埽体还可随河底的冲刷而自由下沉，与上述相比，明显有了改进。对于"卷埽物色"和"卷埽器具"，该书也有较详的记述。

把堤稳固下来

让堤防稳固下来，严格说，自从有了堤防，国人就有了这种迫切的愿望。但现实与理想总是有一定的差距，堤防的逐步完善过程就显得尤为漫长。先秦时认识到的蝼蚁之害，汉以后的堤防堵口及重视汛期防守等，功夫不在堤防工程的内在质量上，均可视为治标之策。当然，这也是世人的认识使然，与黄河灾害逐步加重有关。有专家就曾指出，宋以前，黄河灾害相对较轻，十多年、数十年、甚至上百年才决口一次。更有人在研究后提出，春秋战国以前的黄河下游为地下河，水不出槽，可谓百利而无一害。想想也对，要不黄河怎么能够成为"中华民族的母亲河"呢？

宋以后日趋严重的河患，在不断给人以警示的同时，也不断加深了国人对黄河内在规律的认识，并在堤防这一重要工程措施上初步实现了质的飞跃。

如对黄河来水特点的认识。通过长期对河水涨落的观察分析，宋人已能够"举物候为水势之名"，即根据植物生长的过程和有关时令，确定不同时段来水的名称。1月为"信水"，2月、3月有"桃花水""菜花水",4月"麦黄水",5月"瓜蔓水",6月中旬后称"矾山水",7月"豆华水",8月"荻苗水",9月"登高水",10月"复槽水",11月、12月叫"蹙凌水"(《宋史·河渠志》)。这种对河水依季节不同的细致分析,增进了国人对黄河水情的认识,争取了防御洪水的主动权。

对河势工情的变化,宋人也进行了一定的研究。受主流顶冲,大堤坍塌,谓"剳岸";河漫堤顶,称"抹岸";水流淘蚀,堤岸塌陷,叫"塌岸"(《宋史·河渠志》)等一系列形象描述,都来源于人们对河势工情的细致观察。掌握了这些特点,就可以提前备料、早做准备,未雨绸缪,为迎战洪水打下基础。

埽工的逐步强化,可谓稳固堤防的治本之策,在宋代有了快速发展之后,至金元时期又取得了明显的进步。元代,根据欧阳玄《至正河防记》一书记录埽工的作用、形状不同,区分为"岸埽""水埽""龙尾埽""拦头埽""马头埽"等。

更重要的是对堤防建设的重视。为保证堤防工程质量,强调要对筑堤土质进行鉴别和选择。沈立在《河防通议》一书中便有详细记述,如根据土性和土色,将河畔土壤划分为胶土、花淤、牛头、沫淤、柴土、捏塑胶、碱土、带沙青、带沙紫、带沙黄、带沙白、带沙黑、沙土、活沙、流沙、走沙、黄沙、死沙、细沙等。分类之细,是以往所未有的。明确花淤(沙淤相间的土质)和沫淤(风化的淤土)适宜于筑堤,淤土可用来覆盖堤面。其他土壤,特别是沙土则不宜用来筑堤。有了这些认识,兴修的堤防工程质量,当然也就有了保障。另外,工程定额的出现,也为制定周密的施工计划奠定了基础。如按取土远近来计算劳动定额，就是对工程施工经验的认真、细致总结，对合理调配劳力和提高土工效率起到了积极作用。也是在这一时期，堤防的修建有了"创筑、修筑、补筑"之别。根据欧阳玄《至正河防记》记述堤防的不同作用和特点，还将堤分成"刺水堤""截河堤""护岸堤""缕水堤""石船堤"等数种。另外，五代北宋时期则已经有了双重堤防，并按险要与否分为"向著""退背"两类，每类又分三等。

稳固堤防，离不开人防。乾德五年（967年），鉴于"河堤屡决"，宋太祖赵匡胤诏令沿河各州长吏兼任本州河堤使，并把每年春季定为堤防施工的季节。黄河上自此有了"春修"一说。开宝五年（972年），赵匡胤下诏设置专管河事的官员——河堤判官。此后，宋太宗赵炅、宋真宗赵恒、宋哲宗赵煦等，也多次下诏明确沿河地方大员的治河、治堤责任。当朝皇帝这样密集的直接诏令河事，也是以前所未有过的。此外，河堤植树也是在宋时逐步推广开来的（《宋史·河渠志》）。

金代，河防责任制度又有所加强。如在金代初期，黄河有埽兵1.2万人，分段管理河堤。大定年间，金世宗完颜雍对"亡宋河防一步置一人"的做法，颇为赞赏。他除了强调要"添设河防军署"外，还下令沿河府、州、县官员都要直接参与和处置河防事务，并给予他们有奏议赏罚的权力（《金史·河渠志》）。此后，根据沈立《河防通议》一书所记载，金世宗又出台《河防令》，进一步明确了朝廷及地方各级官员的河防职责，要求地方各级官员要在汛期轮流上堤值守，县级官员还要在非汛期轮换上堤处理有关修防事务。这些规定，较宋代显然更为具体。

还有一个现象值得一提，就是大量研究治河经验和介绍治河技术著述的诞生。《河防通议》是沈立在"采抉大河事迹，古今利病"基础上编写而成的，流传到金代，曾得到修订补充；到了元代至治年间（1321～1323年），又由色目人沙克什加以纂集并保存下来，这是现存最早有关治河的著作。元末，欧阳玄著《至正河防记》，详细论述了抢险堵口等施工方法。元人王喜还编写了《治河图说》，绘制了《禹河之图》《汉河之图》《宋河之图》《治河之图》《河源之图》等。这些专著为后人研究治河问题提供了宝贵的资料。

贾鲁堵口

贾鲁（1297～1353年），字友恒，河东高平人，元代著名治河人物，因堵塞黄河白茅堤决口而名垂青史。

堵口工程技术是在堤防诞生之后出现的。黄河因泥沙含量高，堤防规模大，"善淤、善决、善徙"，灾患严重，历史上实施堤防堵口，更是屡见不鲜。决口、堵口，再决口，再堵口，甚至成为长达数千年封建治河的重要方式，并在治河史上留下了多次十分典型的堵口工程范例。

发生于元末的贾鲁堵口之所以典型，除因其规模大、风险高、富于技术创新外，更因后人的毁誉不一而闻名。

首先是堵口工程规模浩大。据《至正河防记》记载，这次堵口从元至正十一年（1351年）四月开始，动用人力近20万，采取"疏、浚、塞"并举的方针和先疏旧河、堵小口、浚故道、固堤防，后堵大口的步骤，在半年多的时间内共疏浚河道 280 多里，堵塞大小口门 107 处，修筑堤防 770 余里，为堵塞口门"沉大船一百二十艘"，终于堵复了决口，使黄河回归故道，取得了堵口工程的重大胜利。以上数字表明，贾鲁的这次堵口无论是参加人数，还是工程量，乃至堵塞口门数，在治河史上都是空前的。另外，用于这次堵口的料物和费用也极其巨大。据事后统计，共用木桩（不计小的），就有 2.7 万根，柳料 66.6 万斤等，费用则高达 184.6 万锭（元朝货币，中统钞），足见其耗用的财物也是非常巨量的。

其次是风险极高。不仅有自然和技术上的风险，而且还有政治上的风险。一般的堵口工程都是在黄河的枯水季节进行。这次堵口由于统治者存在有"博得美名"以缓和与人民的矛盾和急于打通南北漕运的心理，而选择了汛期堵口，这是史册上所少见的。据记载，贾鲁堵口的最后合龙虽然在初冬，但截河大堤、挑溜等工程的施工却正值伏秋大汛。用作挑溜以减弱口门溜势的三道刺水大堤总长超过 13 千米；口门两岸所修的截河大堤加起来也有近 10 千米。而这样浩大的堤防修筑工程，基本上是在汛期的短短几个月内靠进占的方式一步步兴修起来的。至正式堵口时，所剩合龙口门，南北宽仍有 600 余米，最大水深 10 多米，加上适值秋涨，口门过水"多故河十之八"，由此不难想见当时堵口合龙工程的难度。可以说，合龙工程一开始，同样也面临着极大的自然和技术风险。

政治风险也很大。贾鲁堵口虽然赢得了元朝当权者的大力支持，但在元末那样混乱的社会条件下，是冒着巨大政治风险的。早在讨论堵塞白茅决口时，反对的一方就明确指出："济宁、曹、郓（今山东省济宁、菏泽等地），连岁饥馑，民不聊生。若聚二十万人于此地，恐后日之忧，又有重于河患者"（《元史·河渠志》）。意思就是害怕聚众兴工，会引起农民起义。结果不幸而被言中。"休道石人一只眼，挑动黄河天下反"参加此次堵口的河工们因不满统治者的沉重压迫，借机起义，引发了规模浩大的元末红巾大起义，直至元朝灭亡。

第三是富于技术创新。贾鲁是沉船法堵口工程技术的发明者和创始人。元代以前的黄河堵口，多采用立堵和平堵的方式方法，而沉船法则借鉴这两种堵口方法，视口门情况，采取以沉船为坝，逼水缓流，从而达到快速堵合口门的目的。这不能不说是堵口工程技术上的一大进步。另外，贾鲁的"疏、浚、塞"并举的堵口方法，也备受后人赞扬和效仿。

至于后人对贾鲁堵口的评价，则毁誉不一，反差极大，这也是治河史上无人可比的。

"贾鲁修黄河，恩多怨亦多，百年千载后，恩在怨消磨"，这是《行水金鉴》中对他的高度赞许，他们认为贾鲁能在汛期战胜洪水，堵塞决口，使大河回归断流 7 年的故道，的确是一件十分了不起的事。这不仅体现了治河技术的进步与发展，作为工程的组织者和指挥者，欧阳玄在《至正河防记》一文中评价贾鲁"能竭其心思智计之巧，乘其精神胆气之壮，不惜劬瘁，不畏讥评"，应不失为一个敢于战胜洪水，敢于技术创新的治河专家。反对者则认为，贾鲁兴师动众，既不考虑汛期，又不顾民工的死活，一心急于求成。清人靳辅在《论贾鲁治河》一文中的评价最具代表性。他在总结了贾鲁采用"沉舟之法"堵塞决口的成功经验后，明确指出贾鲁堵口犯有三忌，即"不恤民力""不审天时"和"不念国家隐忧"。并进一步指出："盖鲁惟上恃其君相之信任，下恃其强敏果敢之才气，力排众议，犯三忌以成功，盖以治河则有余，以之体国则不足。"真可谓一针见血。

另外，提起贾鲁治河，还不能不说到《至正河防记》的作者欧阳玄。正是有了他这篇《至正河防记》，后人才能详细地了解到贾鲁堵口的全部过程。这篇文章的创作是有远见卓识的。他在该文的序言中，在盛赞司马迁、班固书写历史创造了"河渠""沟洫"等专篇的历史功绩的同时，认为这些专篇的不足之处在于仅记载了治水之道，而不言其方，"使后世任斯事者无所考则"。因而他在著述这篇文章时非常注重调查研究，并亲访贾鲁本人，为后人留下了一篇极为具体而又十分详细的治河著作，也为后人研究贾鲁治河提供了宝贵而又难得的历史资料。也正是在此以后，治河文献才更为丰富起来。当然，这只是本文的题外话。

被黄河湮没的济水

济水，在我国历史上曾是一条与长江、黄河、淮河等齐名的河流。《周礼·职方》《汉书·地理志》《说文解字》《水经》及《水经注》等众多历史、地理文献中都有明确记述。《尔雅·释水》

中说："江、河、淮、济为四渎。四渎者，发源注海者也。"据记载，济水不仅连接着荥泽、莆田泽、菏泽、巨野泽等众多中原地区的古老湖泊，还汇集了濮水、汶水、漯水等多个古老的河流。在唐宋以前，它还与黄河、汴渠、淮河及其支流构成了我国历史最大的水运交通网络。开封、济南等历史文化名城的建设与发展都曾得益于它，并在某种程度上对我国的历史发展进程产生过极为重要的促进作用。

可是，就是这样一条贯穿我国中东部地区，曾有着很高知名度的河流，却因人为的因素及其与黄河的密切关系，受黄河洪水、泥沙以及决溢、改道的影响而逐渐湮没了。时至今日，我们仅能从历史文献和济源、济宁、济南、济阳等这些曾与济水有着很深历史渊源的地名中领略其昔日的辉煌了。

那么，济水在历史上是如何变迁以至消失的呢？

《尚书·禹贡》是我国历史上最早的一部具有较高科学价值的地理著作。据此记载，济水包括黄河南北两部分。"导沇水，东流为济，入于河"，这是黄河以北部分。"溢为荥，东出于陶丘北，又东至于菏，又东北会于汶，又东北入于海"，这是黄河以南部分。这就是见载于史册的济水历史上最早的河道。此后的文献，对济水的情况也多有记述，并反映了它发展、变迁的轨迹。

河北部分尽管流程较短，但受自然因素和沁河下游河道变化的影响，屡经变迁，以至于消失而不闻其名。据记载，从西汉至北魏的700多年间，济水入黄下游经历了三次大的变迁，趋向是由东逐渐向西偏移。《汉书·地理志》称其在今武陟县南入河；《水经·河水》说在今温县东南入河；到了《水经注》记录的时期，又改在今温县西南入河。据有关专家分析，济水入黄口逐渐上移，主要是沁河下游河道变化影响、作用的结果。然而，研究历史可以看到，发源于济源王屋山的这段济水的最重要一次变迁却起因于王莽时期的一次大的自然灾难。《水经注》的作者郦道元说，西汉末，济水改道，是由于"王莽之世，川渎枯竭"，才造成济水"津渠势改，寻梁脉水不与昔同"的后果。这个记载如果确切的话，说明古代济水源泉可能发生过急剧的变化。现如今，河北部分济水已名不复存，其古老的河道已被曾是其支流的漳河所取代。

河南部分的变迁相对缓慢，细加分析的话，可以追溯到金、元时期。据《汉书·地理志》《水经》等记载，济水的大致走向是：由今荥阳市北（即今邙山一带）分黄河东出，流经今原阳县南、封丘县北，至山东定陶县西，折东北注入巨野泽，又自泽北经梁山县东，至东阿旧制西，自此以下至济南市北泺口（略同今黄河河道），自泺口以下至海（略同今小清河河道）。晋以后，又有所谓别济。至《水经注》时代，自今荥阳市东北以下至巨野泽有南济、北济之分。北济，经今封丘县北、菏泽市南；南济，经封丘县南、定陶县北。出巨野泽后，汇入汶水，自此以下又称清水。隋代开挖通济渠后，巨野泽以上逐渐湮没，以下亦称清水，但济水之名并未废弃。唐宋时期，曾在今开封市先后导汴水或金水河入南济故道以通漕运，称为湛渠或五丈河，其后也逐渐湮废。金、元后，自汶口至泺口已成以汶水为源的大清河（又称北清河，泺口以下大清河在古济水之北）；自泺口以下成为以泺水为源的小清河。至此，济水有名无实，不复存在。

分析黄河以南部分济水的变迁及至消失，人为因素及黄河洪水、泥沙的共同作用至关重要。人为因素，就是世人为满足航运和农业灌溉的需要，不断地开挖人工漕渠，从而打破了维持自然水系存在和发展的平衡。我们知道，对于一条河流来说，水源充足，河床稳定是其存在的前提和基础。济水则过于倚重黄河，早期除靠黄河少量的分水外，主要是其所连接的几大湖泊和支流供水。大约在魏晋以后黄河分水已成为其重要水源。黄河，是一条多泥沙河流。多引水，势必就会多引沙。人工渠道，可以通过疏浚或新开渠道来解决，这从汴渠在唐宋以前的发展变化不难看出。济水作为天然河流，就很难做到这一点。黄河泥沙的淤积，只能加快河道的萎缩，直至湮没。长期以来，汴渠和济水共有一个水源，即黄河的分水（黄河水溢而成的荥泽）。为了满足漕渠的航运需要，首先要解决枯水季节的用水不足问题。扩大或增添新的引黄口门，也就成了自然而然的事。但随之也带来了另外一个问题，那就是汛期如何控制黄河分水的问题。管理或技术措施不当，都可能造成洪水漫溢。大量的洪水、泥沙在进入汴渠的同时，也会更多地涌入济水。水沙举下的结果，是渠道淤积，河床萎缩。如汴渠最早被称为浪荡渠。有关历史文献认为，所谓"浪荡"，就是因黄河泥沙的淤积而使渠道游移不定。而汴渠和济水曾共为源头的荥泽，也在浪荡渠开挖的数百年后于西汉元始四年（4年）被黄河分水挟带的泥沙淤为平地。济水的重要调节湖泊巨野泽，在北宋时期还相当壮阔，方圆达数百里，但在金、元以后受黄河决溢、改道的影响，也逐渐消失了。另外，人工漕渠还使原来相对封闭的水系成为一个开放性的水网。济水的水资源本来就十分有限，在湖泊满足不了的情况下增加黄河分水也就成了它唯一可选择的渠道。如上所述，自然也就会进一步加快河床的萎缩。如隋开凿通济渠后，济水水系受通济渠的影响，巨野泽以上河道逐渐萎缩直至湮废。

至于黄河洪水泛滥对济水的影响则是致命的。唐宋以前，黄河下游河道偏北，加之决溢、改道偏下，对济水的影响并不十分直接。有影响的话，也主要是通过济水的分黄口造成的。如王景治河前，由于黄河在今邙山一带南侵，致使济、汴引黄口门失毁，济、河、汴乱流曾长达 60 余年。金、元以后，黄河进一步南侵，决溢、改道也上提至今郑州、原阳一带，最后维持济水命脉的巨野泽也因此而湮没了。

神秘的大伾山

大伾山作为黄河著名地理地貌特征，最早记载于《尚书·禹贡》，说"禹河""东过洛汭，至于大伾；北过降水，至于大陆"。然而，由于时代久远，历史变迁，其位置、归属并不明确，难有定论，而成为历史疑案。一说在今荥阳市汜水镇西北，山体绝大部分已塌没入黄河中；一说即今河南浚县大伾山，因古迹众多而闻名。那么，神秘的大伾山究竟在何处呢？为什么会在历史上有这么大的分歧呢？

还是让我们先看看有关历史文献是如何记载的。如前所述，大邳山最早出现在《禹贡》所记述的黄河流路中。大禹治水"导河积石，至于龙门；南至华阴；东至于砥柱；又东至于孟津；东过洛汭，至于大邳；北过降水，至于大陆；又北播九河，同为逆河，入于海。"以上诸多地名由"南、北、东"多个方位词连接，说明了古黄河的流向。进一步分析，也不难看出华阴和大邳山两地应是"禹河"折东和折北的转弯处。但后人若仅从以上记述来判断地处黄河中下游的大邳山的准确位置，而不考察历史，是极其艰难的。

《史记·河渠书》记述的"禹河故道"基本与《禹贡》记述的相同，只是将大邳山下的河势、工情补入了 35 个字："自积石，历龙门，南到华阴；东下砥柱，及孟津、洛汭，至于大邳。于是，禹以为河所从来者高，水湍悍，难以行平地，数为败。乃厮二渠，以引其河，北载之高地，过降水，至于大陆。播为九河，同为逆河，入于渤海。""二渠"即济渠和莨荡渠，已为后人所证实。分析这一记述，大邳山应是这两条渠的源头所在，也点明了古黄河在这里折向东北的原因。以此推理，大邳山应在荥阳汜水西北。

另外一些文献资料的记述也印证了这一点。如郦道元在《水经注》说："大邳，在河内修武、武德之界。"唐初时孔颖达在《尚书正义》中说："大邳，成皋县山也。"晋著《地道志》称："济自大邳入河，与河水斗，南溢为荥泽。"《水经注》中也说："河水自洛口又东，左迳平皋县南，又东迳怀县南，济水故道之所入，与成皋分河。河水右（又）迳黄马坂北，河水又东迳旋门坂北，河水又东迳成皋大邳山下""又东北过武德县东，沁水从西北来注之。"等等。据此，有关学者研究得出大邳山位于河、洛右岸至汜水入黄口，是嵩岳余脉，原系西南东北走向，可沿至今武陟、获嘉两县交界一带，面积约100多平方千米。

可是到了宋代，刘伯庄在《汉书音义》却说："有臣瓒者以为修武、武德无此山也"，并引发出了后人的种种猜测。这又包含着什么样的深刻原因呢?

历史的眼光看，至少有以下两条原因：一是自然决溢；一是人力开凿。先说自然决溢。这一情况的发生是与古时大邳山前独特的河情、河势及大邳山山体的土质（黄土）密切相关的。远古时期，从华阴、砥柱一泻东下的黄河，在洛汭南接伊、洛河水，北接济水与沁河后，忽被横亘在面前的大邳山阻挡，湍悍的洪水不仅淘刷河岸山体，抬升的河水还会四处寻找出路从不太畅通的大邳山谷涧中冲出。因此，也就有了"济自大邳入河，与河水斗，南溢为荥泽""河决为荥，济水受焉"（《水经注·卷七》）的记述。洛汭与大邳山前这一独特的河情、河势曾为古人所关注和重视。据历史记载，洛汭在夏、商、周以前曾是古代帝王"沉璧祭天"的地方。这种情况直到东汉时期仍未多大改变。阳嘉三年（134年），河堤谒者山阳东缗司马登曾有详细的记述："伊洛合注大河，南则缘山，东过大邳，西流北岸。其势郁蒙涛怒，湍急激疾。一有决溢，弥原淹野，蚁孔之变，害起不测。盖自姬氏之所常戚、昔崇鲧所不能治也。"（《水经注·卷七》）正是大自然的这种鬼斧神工，不断淘蚀，而使大邳山山体日渐陷落泯灭，不见山形。

人力开凿，则加速了大邳山的消失。"昔大禹塞其淫水，而于荥阳下引河东南，以通淮泗。"（《水经注·卷七》）一方面说明世人对黄河下游灌溉、漕运开发利用之早；另一方面说明了大邳山为人力开凿的时间之长，随着社会的进步，经济的发展，开渠引水以利灌溉和漕运也越来越受到世人的重视。汴渠的发展及其在历史上的重要地位即为证明。春秋战国时期，沟通河、淮两大流域的鸿沟水系完成，至唐宋时期汴渠已基本成为封建统治阶级赖以生存的经济交通大动脉。渠道不断拓宽，引水量急剧增加，加之洪水期间渠道的分洪作用，不难看出大邳山受损的严重程度，足以形成"腰斩"。也正因此，才有了历史上关于大邳山地理位置的种种说法。而到了宋代，大邳山在今黄河以北已完全被黄河所吞没。

另外，研究黄河下游河道变迁的历史，也能给大邳山存在的位置提供有力的佐证。总结历史上黄河下游河道变迁的情况，总体上是由北到南，再由南至现行河道的。在现行河道以北行河，常以河南浚县与滑县上下为其顶点。在1000多年中，先由流向东北转向东偏北，再由东偏北转为东北，南北往返变迁，周而复始。其摆动范围，西北不出漳水，东南不出大清河。用现代眼光来审视这一结果，是与黄河中下游交界处的大邳山对洪水的顶托，使流向改变，折向东北分不开的。而到了现行河道以南行河时，河南武陟、原阳、延津一带已成为顶点，与北行相比，不仅顶点上移，泛滥范围也随之扩大。这一改变与大邳山的陷落、消失，河道南趋是相一致的。

此外，一些历史遗迹也为大邳山的存在位置提供了证据。

1984 年黄河水利委员会黄河志总编室的专家们对武陟至馆陶西汉故道进行了考察。他们根据左岸残堤及河道遗址划线，认为此故道是从武陟县西余原村起，"经县东马曲、商村、冯堤，入获嘉境……"并说"滑县以上至武陟一段，有史以来即为黄河所流经，其流经期一直延至明代中叶"。

正是依据上述种种理由，有关学者得出了黄河中游因大邳山塌退以至消失而改道的结论。并认定荥阳汜水大邳山，即《禹贡》《史记》所记的大邳山。

至于浚县大邳山，尽管历史遗迹众多，又濒临黄河故道，但因与历史记载不符或缺乏有力的实证，并不能确认为就是《禹贡》《史记》所记述的大邳山。

第四章

明代——实践中完善

至宋末金初，由于黄河下游河道的不断变迁、泥沙的长期淤积，华北平原及黄淮间的绝大部分平原湖泊逐渐湮没，济水等河流也难觅踪迹，加之荥阳、武陟一带大邳山在河水侵蚀、人力开凿的双重作用下逐渐消失，大河主流逐步南移，黄河下游在今河道以北行河的局面基本终结。与此同时，黄河决徙地点进一步上提，从而导致郑州以下河道变迁频繁，灾害进一步加重，堤防决口的频率和数量及影响程度均远远大于宋以前的黄河。

南宋建炎二年（1128 年），东京（今开封市）守将杜充人为扒开黄河大堤抵御金兵，使黄河改道由泗水入淮，自此形成黄河长期夺淮入海的局面。金世宗大定六年（1166 年），"五月河决阳武（今原阳县东北与延津交界处），由郓城东流入梁山泊"。大定八年，河决李固渡（今延津与滑县交界沙店村附近）、滑县、长垣、东明遭灾，曹州城（今曹县西北）被淹，在单县分流，"南流"
夺全河十分之六，"北流"仅占十分之四。决口后，都水监梁肃
上奏朝廷："新河水分六，名塞新河则二分复合为一，如遇涨溢，
南决则害于南京（今开封），北决则山东、河北皆被其害"。又称：
"沿河数州之地，骤兴大役，人心动摇，恐宋人乘间构为边患"（《金
史·河渠志》）。因而未及时堵塞决口，仅在李固渡南筑堤以防决溢，
致使黄河又一次大改道的发生。

　　此后近 30 年间，黄河在今卫辉、延津和原阳一带频繁决溢。
大定十一年，河决原阳王村。十二年尚书省奏："水东南行，其
势甚大，可自河阴广武山循河而东，至原武、阳武、东明等县，
孟、卫等州增筑堤岸。"（《金史·河渠志》）大定二十年，黄河
"决卫州及延津京东埽，弥漫至于归德府"，"遂失故道，势益南
行"。为防止黄河泛滥，"自卫州埽下接归德府南北两岸，增筑堤
以捍湍怒"（《金史·河渠志》）。据《黄河水利述要》分析，大定
二十七年前后黄河下游大致分走三条泛道：正道由荥阳、原阳、
新乡、延津、卫辉、长垣、东明等地，至徐州会泗入淮；北面一
支从李固渡东北经滑县、濮阳、郓城、嘉祥、沛县，至徐州南流
入淮；南面一支由延津西分出，经封丘、开封、杞县、睢县、商丘，
至虞城与正流汇合。明昌五年（1194 年），"河决阳武故堤，灌
封丘而东"，泛水大致经由封丘、长垣、东明，仍至徐州以南入淮。
由于"金以宋为壑，利河之南，而不欲其北"（《金史·河渠志》），
加之国势衰微，未行整治、堵塞，黄河再次改道。自此，大定末
年所行河道尽塞，卫辉、延津不再行河。哀宗天兴三年（1234 年）

蒙古军南下掘开开封北的寸金淀,"以灌南军(宋军),南军多溺死"(《续资治通鉴·宋纪》)。黄河东南夺淮入海的大势已成定局。

至元代,黄河南下夺淮后,由于长期多股分流,河道淤积加重,决溢更加频繁。从至元九年(1272年)到至正二十六年(1366年)的95年中,胡渭在《禹贡锥指》一书中记载的黄河决溢年份达40多年。至元二十三年(1286年),黄河在新乡、郑州、开封、许昌、周口、商丘等地决口达15处。至元二十五年,黄河再次在河南境内决口30多处,其中原阳决口导致黄河下游发生了又一次大的改道。"自此河出阳武县南,而县北之流绝,新乡之流亦绝,水道一变。"原武、阳武两县从此隔河相望,直到明正统十三年(1448年)河决荥泽姚村,河徙原武县南止。

明代,仍是黄河改道的频发期。从洪武元年(1368年)至崇祯十七年(1644年)的270多年间,黄河下游发生大的改道达7次。明代前期,黄河下游河患多、河道乱、变迁多,主要是明王朝重北轻南,以保漕为主的治河策略所导致的。"北岸筑堤,南岸分流",是这一时期治河的主要措施。

《明太祖实录》记载,洪武二十四年(1391年)原武黑羊山大决,致使河道大变。泛水分而为三:一支东经开封城北,折向东南流,再经陈州、项城、太和、颖州、颖上,至寿州正阳镇入淮,后人称为"大黄河";一支仍东流走徐州以南入淮,因水流较小,后人称为"小黄河";另一支由曹州、郓城漫东平之安山,淤塞元代开凿的会通河。洪武二十五年(1392年),河决阳武,导致11州县受灾。当年,朝廷"发河南开封等府民丁及安吉等十七卫军士"修筑了阳武堤防。明成祖朱棣即位后，国力日渐充实，对黄河灾害的防御和堤防修守逐渐加强。河南孟津、武陟、阳武、开封等地堤防得以修缮。至永乐九年（1411年），工部尚书宋礼在开封组织完成河道疏浚工程后，黄河复归明初故道。主流经由河南荥泽、原武、开封，"自商、虞而下，由丁家道口，抵韩家道口、赵家圈、石将军庙、两河口，出小浮桥下二洪"（《明史·河渠志》），与泗水汇合，至清河县入淮，再东经安东至云梯关入黄海。

正统年间，黄河决溢仍以河南境内为最多，开封尤重，并于正统十三年（1448年）发生新的改道。这次改道是由新乡八柳树和荥泽孙家渡（今原阳盐店庄北、姚村西）堤防决口而造成的。决口后，河分三股：一支"自新乡八柳树，漫曹、濮，抵东昌，冲张秋，溃寿张沙湾，坏运道，东入海"；一支自荥泽"漫流于原武，抵开封、祥符、扶沟、通许、洧川、尉氏、临颍、郾城、陈州、商水、西华、项城、太康"，南入于淮；东出徐州的贾鲁故道，水流微弱，几近湮没。十月，朝廷委任徐有贞为佥都御史，专治沙湾，徐提出了置水闸门、开分水河、挑深运河的治河三策，通过实地考察后，开通渠道疏通河流，"起张秋金堤之首，西南行九里至濮阳泺，又九里至博陵陂，又六里至寿张之沙河，又八里至东、西影塘，又十有五里至白岭湾，又三里至李隼，凡五十里。由李隼而上二十里至竹口莲花池，又三十里至大伾，乃逾范及濮，又上而西，凡数百里，经薄源以接河、沁，筑九堰以御河流旁出者，长各万丈，实之石而键以铁"。同时，还对沙湾至临清、沙湾至济宁间的运河进行了疏浚，并于东昌的龙湾、魏湾建闸8座，用来启闭宣泄，从古河道入海。从此，"河水北出济漕，而阿、鄄、曹、郓间田出沮洳者，百数十万顷"（《明史·河渠志》），山东河患减少，漕运得到恢复。

弘治二年（1489年），阳武至开封河段南北两岸多处决口，并引发新的改道。北决泛水再次侵入张秋运河，严重影响漕运。当年，朝廷任命白昂为户部侍郎，修治河道。白昂在实地查勘后，提出了在南岸"宜疏浚以杀河势""于北流所经七县，筑为堤岸，以为张秋"的整治意见。次年，白昂"乃役夫二十五万，筑阳武长堤，以防张秋。引中牟决河出荥泽阳桥以达淮……"所谓"阳武长堤"，指黄河北岸原武、阳武、祥符、封丘、兰阳、仪封、考城至山东曹州之大堤。弘治七年，刘大夏采取遏制北流、分水南下入淮的方策治理黄河与京杭运道，修筑了太行堤。该堤起自延津县北胙城，"历滑县、长垣、东明、曹州、曹县抵虞城，凡三百六十里"。从此，筑起了阻挡黄河北流的屏障，大河"复归兰阳、考城，分流经徐州、归德、宿迁，南入运河，会淮水，东注于淮"（《明史·河渠志》）。

晚明万恭、潘季驯提出了以治沙为中心的治河思想，实行"以堤束水，以水攻沙"的方针，在4次主持治河期间，兴建了大量堤防工程。据《恭报三省直堤防告成疏》，潘季驯在徐州、灵璧、睢宁、邳州、宿迁、桃源、清河、沛县、丰县、砀山、曹县等12州县，加帮创筑遥堤、缕堤、格堤、太行堤、土坝等430多千米，在河南荥泽、原武、中牟、郑州、阳武、封丘、祥符、陈留、兰阳、仪封、睢州、考城、商丘、虞城、河内、武陟等16州县中，帮筑创筑的遥、月、缕、格等堤和新旧大坝达 450 多千米，使河出清口，于云梯关入海。

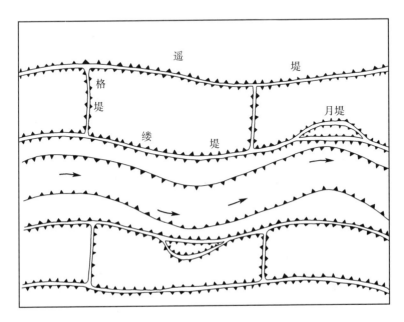

遥、缕、格、月四堤示意图

分流治河

分流治河有着悠久的历史。"禹疏九河"的传说，就是这一方略成功实施的典范。因此，长期以来人们一直把此方略视为符合水流规律的治水良方。如《孟子·告子》中说"禹之治水，水之道也，是故禹以四海为壑"；《孟子·离娄》中又说"禹之行水也，行其所无事也"。孟子对大禹分流治河的评价如此之高，对后世的影响是巨大的。汉代的冯逡、韩牧，北宋的李垂、韩贽等不少历史治河名人都主张采用此方略治理河患。

到了明代，宋濂、徐有贞、白昂、刘大夏等人不仅积极倡导分流治河，而且进行了大规模的实践活动。他们认为，黄河性暴，水涨急骤，常常漫溢为患，"利不当与水争，智不当与水斗"，只有采取分流的办法，才能分杀水势，消除水患。明初著名政治家、文学家、史学家、思想家，被明太祖朱元璋誉为"开国文臣之首"的宋濂，于此曾有形象的比喻。陈子龙所著《明经世文编》记载他在给朱元璋的上疏中说："譬犹百人为一队，则其力全，莫敢与争锋。若以百分而为十，则顿损。又以十各分为一，则全屈矣。"他在批评将河患归罪于天的同时，强调"分流"为"治河之要"，治河之良策。

综观明代分流治河的实践，可划分为三个时期，即单纯分流、"北堤南分"和分黄导淮。

明初的百余年间为单纯分流时期，这时的分流去向有两个：一是北分，一是南分。北分，主张分流后走大清河或注入卫河入海；南分，则大体由颖河、西淝河、涡河、浍河、濉河等过淮入海。宋濂的"使其南流复于故道，分其半水……使之北流以杀其力"；徐有贞的"分黄济运"等都是主张黄河北分的。徐有贞主持治理沙湾时，提出的置水闸门、开分水河、挑深运河的治河三策中，开分水河除有济运的作用外，其中另一条很重要的原因就是为了分杀大河水势。实施的结果，确收到了一时之效。

主张南分的人则更多，也是明中叶经常采用的措施，并逐步形成了"北堤南分"的局面。"北堤南分"，即在徐州以上北岸筑堤防守，以避免黄河北决冲毁运河，而在南岸则采取数支分流，以杀水势。

维持漕运畅通是明代治河的首要目标，而明前期黄河又多次北决，阻塞张秋运道。于是，治河方略也从明初的单纯分流转变为"北堤南分"。弘治二年（1489年），黄河在开封、封丘等地多处决口，形成南、北、东多支分流的险恶局面。北支冲决张秋运道，其余四支分别注入淮河。白昂受命治理，他在实地查勘后，建议在南岸"宜疏浚以杀河势""于北流所经七县，筑为堤岸，以卫张秋"。朝廷批准了这一方案，并于次年调集25万多人在北岸修筑了阳武长堤（今原阳大堤），南岸疏浚了汴河、濉河，并堵塞了36处决口（《明史·河渠志》）。自此，开创了"北堤南分"的先例。

弘治七年（1494年）刘大夏治河时，继承并进一步发展了这一治水思想。他在疏浚南岸支河，堵塞张秋决口后，为遏制北流，又堵塞了黄陵岗、荆隆口（今封丘荆隆宫）等七处口门，并在北岸筑起了数百里长堤，"起胙城，历滑县、长垣、东明、曹州、曹县抵虞城，凡三百六十里"，名太行堤。西南荆隆等口的新堤"起于家店，历铜瓦厢、东桥抵小宋集，凡百六十里"。从此，筑起了阻挡黄河北流的屏障，大河"复归兰阳、考城（今兰考县），分流经徐州、归德、宿迁，南入运河，会淮水，东注于淮"（《明史·河渠志》）。

弘治十八年（1505年），黄河分入颍河、涡河的水断流，主流北徙，至宿迁小河口入运河。正德三年（1508年），该河道淤塞，再次北徙，改经贾鲁故道，至徐州小浮桥入运河。正德四年（1509

年），黄河在曹县杨家口、梁靖口决口，直抵单县，至沛县飞云桥入运河。这里所称的"运河"，即泗水故道。傅泽洪所著《行水金鉴》记载黄河注入后，即为黄河，南流入淮。次年，有大臣建议自大名府三柳春至沛县飞云桥筑堤"三百里"，以阻止黄河继续北犯，确保漕运。但因农民起义，仅修筑了紧要部分。正德十一年至十六年（1516~1521年），自长垣黄陵冈至曹县杨家口筑堤"二百余里"。可见，数十年间，修筑北堤数道，也可能交错相连，也可能时修时废。直到嘉靖后期，南分支河淤积严重，即使疏浚也难以维持多久，分流论才逐步被以万恭、潘季驯为代表的合流论所取代，"筑堤束水，以水攻沙"的治河方略应运而生。到了明末，由于合流论也不能解决严重的决溢灾患，"分黄导淮"论又占据了主导地位。

万历二十三年（1595年），杨一魁任总理河道后，综合各方面意见提出了"分杀黄流以纵淮，别疏海口以导黄"的建议。次年，他组织20万人开始了大规模的治河活动。重点工程是开黄家坝新河150多千米以分泄黄水入海（《明史·河渠志》）。这次治河尽管避免了黄河倒灌清口、上灌明祖陵的局面，但因不能解决徐州以下的漕运问题，而在数年后杨一魁被免官，"分黄导淮"的计划也宣告失败。

根据文献记载，总的看明代的分流治河是不成功的。河道乱，在相当长的时期内下游呈多股河；变迁多，仅明前期黄河下游大的改道就多达4次；决溢灾患严重，这期间平均7个月就决口一次。究其失败的原因，首先是分流治河解决不了黄河泥沙问题，而黄河之所以"善决""善徙"，重要的是因为其"善淤"。分流论者只知道"分则势小，合则势大"，但忽视了黄河多沙的特点。由于多沙，水分则势弱，必然导致泥沙沉积，河道淤塞。如明初黄河在南岸分流入淮，至嘉靖年间各支河都已淤塞。有的尽管多次进行大规模的疏浚，但仍难以改变淤塞的命运。嘉靖十二年（1533年），曾一次疏浚孙家渡支河75千米，可次年河水大涨，一淤而平。这种情况的出现，主要是分水不当，河道因此而减小了输沙能力造成的。现代研究证明，河道的输沙能力与流速的平方成正比。多开支河虽然能分水势，但黄河涨水处于冲刷的流量级时，如分水不当，反而变冲为淤。因此，在明代前期过度分流的结果，不但未减轻河患，反而造成了此冲彼淤，"靡有定向"的被动局面，加重了黄河的灾害。

其次，也是"保漕"目标下避黄、用黄思想带来的恶果。纵观明代治河，实施分流方略是为了遏黄保运和引黄济运。面对河、运交叉的形势，明统治者既怕黄河冲毁或淤塞运道，又希望利用黄河之水补充运河。然而，实践证明运用这一思想来治河、治运，在当时的技术条件下是很难成功的。如"北堤南分"治河后，防止黄河北犯的目的虽然基本实现了，但如何防止黄河冲毁徐州以下的运道，又不使徐州以南的运道因缺水而受阻，却成了十分棘手的问题。尽管治河者修堤防、堵决口、浚河道，下了许多功夫，忙得焦头烂额，仍解决不了运道被黄河冲毁或脱河而受阻的问题。"运道受阻""徐吕浅涩""粮艘不进"等词在《明史·河渠志》中屡屡出现，决溢灾患越发严重。

太行堤

太行堤，现指长垣大车集至延津魏丘集的 44 千米堤防，实际上只管理到封丘黄德，主要利用近 33 千米，其余残堤被地方政府以历史文物加以保护。

该堤始建于明弘治年间，为弘治七年（1494 年）副都御史刘大夏治河时主持修建。起自河南延津县北胙城，"历滑县、长垣、东明、曹州、曹县抵虞城，凡三百六十里"（《明史·河渠志》）。至清代，又多次加修。清咸丰五年，河决铜瓦厢，中间一段被河水冲毁，今存上下两段。上段起自河南延津县胙城，过封丘，至长垣大车集。下段起自山东东明县阎家潭，经曹县、单县，止于江苏丰县五神庙。

1956 年第二次大复堤时，为防止黄河自天然文岩渠入黄口倒灌北溢，对延津魏丘集至大车集堤身残缺严重的近 33 千米太行堤进行了补残加固。延津县境太行堤，因当时该县无治河管理机构，未进行加固修缮。魏丘集以上太行堤因损毁严重，难见堤形，而未统计在内。1961 年，对该堤段实施了锥探灌浆。

1974 年第三次大复堤后，按北岸长垣临黄堤的大车集村 0+000 桩号的设计水位，以万分之一倒比降向上游反推水位，王堤口以下堤顶超高洪水位 2.5 米，王堤口以上为 2 米，实际加培大堤长近 22 千米。1983 年，对长垣县境内的 22 千米堤段进行了培修。2000 年，安排培修 10 千米。

以上即为太行堤的堤防沿革。

至于太行堤的名称，传说源于汉光武帝刘秀之口。汉代中叶，

刘秀平定王莽篡朝造成的疮痍之后，一为巡视各地民情，一为拜
谒先祖之陵，一路东巡，到汉皇故里参拜祖陵，答谢庇佑之恩。
谒陵之后，见陵后之间水势汹汹，黄河之水时有侵夺，对祖陵构
成很大威胁，于是下令军民共建，筑起一道长长的大堤，意在保
护汉皇祖陵永不受水侵害。在为该堤定名时，他看到该堤由西南
至东北逶迤而去，犹如重峦叠嶂，其走向与晋冀之地的太行山脉
遥相呼应，遂将此堤定名为"太行堤"。从单县境内流入，经由
复新河直泄南阳湖的河流则称"太行堤河"。

然而，事实上位处江苏丰县境内太行堤河系 1782 年（清乾
隆四十七年）、1851 年（清咸丰元年）间黄河两次决口所形成的
自然河流。原从西南向东北流泻，直入昭阳湖。清咸丰年间改入
复新河，为复新河流域最大的支河。现该河自山东省单县浮岗，
经赵庄南、常店南至孙套楼汇入复新河。

复新河前称玉带河，清朝末年称新河，民国年间改称复新河。
复新河发源于砀山县玄帝庙。1851 年（清咸丰元年）黄河从蟠龙
集决口形成。

据此看，"太行堤"为汉光武帝刘秀定名，并不足信。但有
没有参考价值呢？要弄清这一问题，尚需更加有力的佐证。下面
我们不妨从成书于清初的《读史方舆纪要》和《明史》两本巨著
入手，做一探讨。

《读史方舆纪要》中有两处提到太行堤，一是在写刘大夏治
河筑堤时说："又筑西长堤，起河南胙城，经滑、长垣、东明、曹、
单诸县，下尽徐州，亘三百六十里，谓之太行堤，凡五旬而功毕。"

二是在写万历年间的河患时说："明年（万历三十一年1603年），复决苏庄，冲入沛县太行堤在县西北，灌昭阳湖，入夏镇俱详漕河，横冲运道……"《明史·河渠志》中有一处提到太行堤："化龙（李化龙，万历三十一年任总理河道）甫至，河大决单县苏家庄及曹县缕堤，又决沛县四铺口太行堤，灌昭阳湖，入夏镇，横冲运道。"这里讲的也是万历三十一年单县苏家庄决口。

《读史方舆纪要》约成书于1692年，为清初顾祖禹所撰写。为编撰这本历史地理巨著，顾祖禹先后查阅了二十一史和100多种地志，旁征博引，取材十分广泛。同时，他也比较注重做实地考察，每凡外出有便必然观览城廓，而且对于山川、道里、关津无不注意察看。同时，开展深入调查，无论过往商旅、征戍之夫，乃至与客人谈论时都注意对地理状况的异同进行考核。因此，该书长期以来以内容丰富、地名齐全、考订精详、结构严密而著称，被后人誉为"千古绝作""海内奇书"。至今，仍是历史地理学者乃至研究历史、经济、军事的学者们必读的重要参考书。

《明史》成书于1735年，是清代官修的一部反映我国明朝（1368～1644年）历史情况的纪传体通史。对比这两本书对太行堤的有关记述，用以说明其名称的由来十分必要，也很能说明一些问题。

首先两本书对刘大夏治河筑堤和万历三十一年单县苏家庄决口均有明确的记述，具有可比性。《读史方舆纪要》中明确指出刘大夏所筑的延津至徐州长堤名为太行堤，但《明史·河渠志》在谈及该段堤防时则未写明具体称谓。《明史》主要依据史料编修而成，该段堤防没有标明名称，可能与明代官方史料未留具体名称有关。如现今黄河下游的堤防，除依据历史保留了部分堤段的堤名外，绝大部分堤段并没有名称。在谈及时只是依据其所在区域而冠名，或直接指出大堤桩号（如郑州大堤，开封大堤等）。《读史方舆纪要》则以实地考察见长，可能当地百姓就是这么称呼的，顾祖禹也就如实记录了下来。因此，这里只存在有官方和百姓对堤防称呼的有别而已。

那么为什么在写到万历三十一年单县苏家庄决口时两本书都提到了太行堤呢？这就与汉光武帝刘秀定名太行堤的传说有关了。

黄河夺淮入海的历史可追溯至汉文帝十二年（前168年）的酸枣决口。《史记·封禅书》记载，酸枣决口后"今河溢通泗"。泗水，是淮河的主要支流，既通泗，也势必入淮。此后，黄河曾长时期夺淮入海，而明、清两代尤甚。江苏丰县为汉祖陵所在，为避免祖陵被泛滥的黄河所淹，修筑堤防就成为汉帝王必须高度重视解决的问题，把巍巍的太行山与堤防联系起来也就不足为怪了。当然，这也是广大人民群众永久的期盼。另外，延津至徐州长堤自刘大夏建成后，在相当长的时间内确实也起到了防止黄河决口北犯的作用。由此及彼，长垣大车集至延津魏丘集（在明、清时期则更长）就被人们称为太行堤了。

刘天和及其《问水集》

刘天和，字养和，湖北麻城人，明代著名治河人物。在任总理河道的短短一年中，他精于实践，善于总结，勇于创新，不仅圆满完成了各项治河工程，取得了显著的治河效果，而且撰写了《问水集》一书，编绘了《黄河图说》刻石。另外，他也是明代由分流治河过渡为合流治河期间的重要人物。

明嘉靖年间（1522～1566年），治河仍采取南岸疏浚支河、北岸筑堤的办法，即分流治河的方式。虽然这些措施实施后，黄河北岸基本上不再决口，较好地解决了冲断北段运河的问题，但归、徐之间（今商丘至徐州之间）的河道却此决彼淤，南北滚动，使京杭大运河时通时塞。在嘉靖统治的45年中，仅总理河道大臣就更换了40人，可见当时朝廷对黄河治理的重视和对治理效果的严重不满。而刘天和则是这一时期治河最有成效的人，并在卸去总理河道后不久晋升为兵部尚书。

刘天和所著《问水集》记载嘉靖十三年（1534年）2月，刘天和以都察院右副都御史的身份总理河道。当年黄河就在兰阳赵皮寨（今兰考县境内）决口，致使京杭大运河漕运再次受阻。为了研究治理对策，尽快恢复漕运，刘天和在亲率人员进行沿河实地勘察的同时，还分派官吏对其他支河予以考察，详细了解掌握河情、河势。在此基础上，他及时向朝廷提出了有针对性的疏浚、筑堤治理方案，并得到了批准。工程自嘉靖十四年（1535年）1月动工，4月初竣工，共疏浚河道110多千米、筑堤近40千米、修闸15座、建顺水坝8道，栽种柳树280多万株，动用人力多达14万人，耗用白金也有7.8万余缗（缗，明朝货币单位），最终实现了治河通漕的目的，收到了良好的治理效果。据史载，刘天和组织实施的各项治理工程完工后，"运道复通，万艘毕达"，极大的满足了明王朝的漕运需要。另外，为全面记述这次治河活动，在工程结束后，刘天和还亲自主持编绘了《黄河图说》，并刻载于石。刻碑石有文有图，不仅详尽地描述了他这次治河所采取的措施，而且对此前的几次的治河兴运也有具体的记载，为后人了解明代的河势变化及治河措施提供了翔实的历史资料。

但若仅仅于此，刘天和是很难名列古代治河人名录的。重要的是他对治河有总结、有研究、有创新，并提出了一些对黄河治理极有价值的经验和观点，这在其所著的《问水集》一书中均有体现。该书记述了黄河演变概况，深刻分析了河道变迁的原因及其对运河的影响，比较全面地总结了前人关于河防施工和管理的经验，是明中期论述黄河、运河形势及河道治理的重要著作。书中提出的"植柳六法"是保护黄河堤岸的重要措施，为历代沿袭。

刘天和是明代分流治河实践的重要人物。因此，他主持治河所采取的主要方式仍不外疏浚河道、修筑堤防。然而他在疏浚、修堤方面的研究和探索，却是这一时期其他治河人物所不能比的。他对疏浚与修堤的研究之深入，总结之细致，分析之透彻，并有所创新，是十分难能可贵的。《问水集》是为刘天和所著重要的治水典籍，内容涉及诸多治水知识。如在疏浚河道方面，他提出应当根据不同土质采取不同的措施。淤深泥厚，难以立足，怎么施工？他研究总结前人的经验后认为，应先在淤地上纵横筑坝，填土修路，然后再行清淤；河道深窄，淤泥又稀，则要采用柳斗挖取淤泥，人一字横排岸边，将盛淤柳斗逐级传送出去的方法，进行清淤。对清理沙土、瓦砾、沙浆石等淤积物，也都提出了有针对性的清理方法。另外，对于河道清淤工程，刘天和还相当重视施工的计划性。要求在清淤过程中要注意测量淤积的深浅和宽窄（即现在土方施工中，对土方的测量和计算），并根据方量和人员来确定清淤工程的施工进度，以求避免人力和财力的浪费，等等。

对于堤防修筑，围绕提高修堤质量，刘天和也提出了一套较为严密的施工方法。如他强调，若要临河取土筑堤，必须远距堤脚15米开外，以免近堤取土成沟，造成汛期漫水顺堤行洪，发生新的险情。对修堤的土质，他也制定了严格的标准。要求用于筑堤的土质要好，沙质土壤不能用。土的干湿度要适宜，用土过于干燥时，则应在筑堤时分层洒水浸润，以符合土质湿度要求。这实际上是要确保所修筑大堤的压实密度，保证修堤的质量。

对于堤防工程的规划、设置以及作用，刘天和同样有很好的总结和研究。他认为堤防工程应远离河槽，而且视情况不同，河势变化的严重程度，进行合理安排。重要地段，要隔一定距离增设第二道大堤（即通常所说的遥堤）。同时他还提出，堤防工程应是连续的，厚薄、高矮也应该是一致的，应做到随毁随补。另外，他还主张修缕水堤（指依河势修筑距主河槽较近的堤）来防止大堤的冲决；修顺水坝，以防河水漫流；设减水闸，以随时蓄泄来水。刘天和的这些堤防观点，对明代后期的治河影响极大。稍后于刘天和的明代著名治河专家潘季驯，被后人誉为"千载识堤第一家"。他的一些堤防观，细究起来与刘天和对堤防的研究和总结是分不开的。

刘天和对后人治河的另一个重要贡献是他对过去堤防植柳的研究和总结。为防风固堤，刘天和总结了堤岸植柳的经验，定出了植柳 6 法。即用以固堤护岸而栽种的卧柳、低柳和编柳。柳树成活后，内则盘根错节；外则枝繁叶茂，成为"活的龙尾埽"，保护堤身防止风浪的冲击。另外，还有用以防止河水淘蚀大堤的深柳；具有缓溜落淤作用的漫柳和为防汛抢险备料而栽种的高柳等。以上 6 法，有对栽种时间的具体要求，也有对栽种方法的明确阐述，为后人治河修堤，护堤植柳，提供了很好的方式方法。

此外，刘天和围绕河道疏浚、堤防修筑，对施工器具也颇有研究。他创造发明了"水平法"施工测量的新技术，进一步提高了工程施工的技术水平。

罢官罢出的治河专家

潘季驯，字时良，浙江乌程（今湖州市）人。生于明正德十六年（1521 年），卒于万历二十二年（1594 年）。他由一位"不知所谓黄与淮者"的封建官僚，成为我国历史上杰出的水利专家。他有着非常曲折的经历，四次治河，总理河道近 10 年，可谓挫折不断，历经坎坷，两次丢官又复官，极富传奇色彩。面对复杂难治的黄河，及封建官场上的是非恩怨，他泰然处之，在极为艰难的条件下勇于实践，勇于探索，从而极大地丰富了治河理论，并最终成为一代治河名家。

嘉靖四十四年（1565 年），黄河于汛期在江苏沛县决口。沛县以北"上下二百里运道俱淤"（《明史·河渠志》）。黄河乱流，运道阻塞，使京杭大运河陷入停滞状态。正是在这种情况下，潘季驯首次出任总理河道。自此，这位生于南方，从未与黄河打过交道的人与黄河结下了不解之缘。治河、治淮、治运成了潘季驯终其后半生的事业，也因此在治河史上写下了重重的一笔。

封建社会，统治阶级对黄河的治理从来都是头痛医头，脚痛医脚。潘季驯这次治河也不例外。据《河防一览·卷一》中记载皇帝在给他的敕谕中说："今年沛县迤北漕河屡被黄河冲决，已经差官整理。但恐河势变化无常，特命尔前去总理河道。""督率管河、管洪、管泉、管闸郎中员外郎主事……分投修理……关漕运者，与各该抚按官计议而行；事体重大者，奏请定夺。"这道敕谕明确告诉潘季驯，其职责就是率沿河地方官"分投修理"河道。至于有关漕运问题，除要与沿漕地方官协商以外，重大问题还需奏请朝廷定夺，他并没有决断权。一道敕谕就把潘季驯置于了这样的两难境地。

当时，总理河漕大权的是工部尚书朱衡。他立足于尽快通漕，极力主张另开一段新河，以求运道避开黄河的干扰。而潘季驯到任后，经过实地查勘，则以治河为急，持不同建议。认为运河受黄河制约，黄河如不治理，运河的问题也难以根本解决，主张"开导上源与疏浚下流"。出发点是立足现有河道加以治理，即所谓"复故道"。这就导致了"开新河"与"复故道"的朱、潘之争。虽然"衡所见在近而季驯所见在远"，朝廷仍从漕运的眼前利益出发，采用了朱衡的建议，潘季驯只能协助朱衡"共开新河"（《明史·河渠志》）。

事权不一，大臣间的意见纷争，不仅让潘季驯首次尝到了治河的艰辛，其执着的精神也为他二次治河并被罢官埋下了伏笔。嘉靖四十五年（1566年），潘季驯因母亲去世，回籍守制，短短一年的河官之任到此结束。

隆庆四年（1570年），在黄河一再报警的严峻形势下，潘季驯再任总理河道。这次治河尽管时间短暂，仍有事权不一的掣肘，但其对堤防的重要性却有了更深刻的认识。他在《总理河漕奏疏》中回顾此次治河时说："黄河之患，何代无之？然筑堤修岸，以防之于未患之先，塞决开渠，以复之于既患之后，治法不雒两端。"他认为"欲图久远之计，必须筑近堤以束河流，筑遥堤以防溃决，此不易之定策也。"正是基于这一思想认识，潘季驯在较短的时间内就初步完成了河、运的治理工作。隆庆五年（1571年），也就是在他任期刚满一年的时候，因受弹劾，而被罢掉了总理河道一职。

个中奥妙何在呢？问题的起因发生在工程完工后，潘季驯上疏要求犒劳治河诸臣的奏报上。然而在傅泽洪主编《行水金鉴》一书中记载朝廷认为，"今岁漕运比常迟，如何辄报完工？且叙功太滥"。工部尚书朱衡也责难说："河道通塞，专粮运迟速为验，非谓筑口导疏，便可塞责。"于是，派人勘视河工，命潘季驯戴罪管事。勘视结果以潘季驯"驱舟以就新溜，坐视陷没"的罪责，而被弹劾罢免。

但进一步分析潘季驯被罢免的原因，表面上尽管体现为治河方案的斗争，实质是封建官场上"党争"的结果。至于上述所说只不过是一个借口罢了。

在《潘季驯墓志铭》一书中记载早在潘季驯二次上任前，其前任总理河道曾条陈治河三策，即"开泇河，就新冲，复故道"。尽管"朝议未决"，但其中"开泇河"一策却因当权者微妙的人际关系得到朝廷重臣张居正的赞同。潘季驯就任后，张居正曾亲自给潘季驯去信说服他能按此方式治河。并托人对潘季驯说，倘若泇河开成，大司空的位置早晚属于他。但潘季驯却力主开复故道，谢绝说："大司空的位置留给别人吧，我认为开泇河不可。"

那么，张居正为何要力主开泇河呢？这就牵涉到了封建官场上微妙的人际关系。在斯著《张太岳集》中记载隆庆六年（1572年）"罢泇河"之议后，张居正曾给当时已罢官的潘季驯去信说："昔者河上之事，鄙心独知其枉"。为什么张居正"独知其枉"？其时内阁首辅虽是高拱，但张居正已经得势。且主张开泇河的朱衡又被高拱重用，而朱衡又与潘季驯有隙。个中背景如此，实力再大，也得妥协。另外，张居正欣赏潘季驯，也深知他反对开泇河是为了反对"弃河不治"。他在一封信中曾说："顷者议开泇河，特为转漕计耳……淮阳士民遂谓朝廷欲置黄河于度外，而不为经理。"在后来谈到开胶河时，张居正也认为反对派是"恐漕即开，粮运无阻，将轻视河患而不为之理"。鉴于此，也有人认为正是张居正授意于言官，借故弹劾潘季驯，俟潘去职，始可实行开泇河之策。就这样，潘季驯二次复出，仅一年多就被罢免了。

隆庆六年（1572年），张居正升为内阁首辅，总揽朝政。他是一个有作为的政治家。面对明王朝当时严重的政治、经济危机，为挽救明廷，以求中兴，他在政治、经济、军事等方面进行了改革，并重用了一大批有作为的文臣武将。张居正改革的重点是经济，而直接影响国计民生的河漕事务，便成了他忧心忡忡的大事。他在万历三年（1575年）曾说："自受事以来昼作夜思，寝不寐，食不甘……今朝廷大政幸已略举，惟漕河、宗室，未得其理。宗室事巨，不敢轻动，尚当有待，漕河则宜及今图之。"所以，经过治河实践检验的潘季驯，就成了他物色的重臣。

就这样，潘季驯于万历六（1578年）年第三次走马上任总理河道，并兼管漕运。在《河防一览·卷一》中记载朝廷这一次在给他的敕谕中说："尔谙习河道，素有才望，特兹重任。"朝廷的重视，张居正的信任，加之事权合一，为潘季驯的治河活动创造了良好的外部环境。在这一时期，潘季驯不仅确立了他的"以河治河，以水攻沙"的思想，而且将此付诸实践。对堤防的认识也日趋成熟，并形成了一整套堤防的建设、管理理论。

在《河防一览·卷一》一书中记载面对河淮屡决，运道被毁的严重局面，潘季驯在实地查勘的基础上，全面分析了当时的河道形势，并把整治的重点确定在黄河与淮河交汇处的清口及清口以下的河道淤积问题上，提出了"塞决以挽正河之水；筑堤以杜溃决之虞；复闸坝以防外河（河淮）之冲；创滚水坝以固堤岸；停止浚海工程以免糜费；罢免开老黄河之议"的治河方策。其基本思想就是要在徐沛（徐州、沛县）河段高筑两岸大堤，挽河归漕，实现束水攻沙；堵塞高堰决口，逼淮河水尽出清口，实现以清刷黄。并以此来综合解决黄淮运各自的问题，同时达到治黄、治淮、治运、治海的多重目的。

方案一出，反对意见也接踵而至，就连支持潘季驯的张居正也表示怀疑。《张江陵全集》中记载他在给潘季驯的信中说："夫避下而趋虚者，水之性也。闻河身已高，势若建瓴，今欲以数丈之堤束之，万一有蚁穴之漏，数寸之瑕，一处溃决，则数百里堤，皆属无用……今老河之议既寝，崔镇又欲议塞，将恐河势复强，直冲淮口……而高堰亦终不可保，此其可虑者二也。"张居正是潘季驯三任治河的支柱，没有他的支持，潘季驯是很难施展其治河抱负的。潘季驯马上回信详细地阐述了他的主张。尽管张居正仍有种种担心（如政治灾难），还是给予了潘季驯强有力的支持，使其方案得以顺利地实施。

潘季驯这次治河的成效是十分显著的。史书载："流连数年，河道无大患。"（《明史·河渠志》）潘季驯也因此而晋升为工部尚书，参赞机务。南京兵部尚书凌云翼接替了他的职务。

分析这一职务变动的原因，包含着张居正的良苦用心，是张居正一手在幕后操纵的结果。《张江陵全集》记载他在给潘季驯的信中说明了为什么挑选凌云翼的原因。"反复思之，莫如洋山公为宜。此公虚豁洞达，昔在广中，仆妄有指授，渠一一取意而行之，动有成功。则今日必能因袭旧画，以终公之功……不如即代洋山，是身不离中，可以镇异议，屏人心……恐公不达鄙意，敢布心腹"。张居正又给凌云翼去信，解释为什么让他接任潘季驯的位置。信中说："河漕重任，比之东粤，尤为要紧……且二三年间，仆力主印川公（潘季驯）治河之策，幸有成功。今仍须有威望者继之，庶可以行仆之意，而有外于左右，故略布区区，万望鉴亮。"从这两封信中不难体会出张居正对潘季驯的爱惜和保护之意。潘季驯尽管治河有方，但也因此得罪了不少人。用凌云翼是为了贯彻潘季驯的治河方略，而调离潘季驯则是有意识地要保护他。就在潘季驯即将离任之际，仍有人以泗州祖陵受淹为名状告潘季驯。当然，这其中也不乏潘季驯有急流勇退的意思。《河防一览》记载万历七年（1579年），在治河工程即将完工之际，潘季驯登徐州云龙山后赋诗道："龙山再上思依然，千里河流自蜿蜒。几向蒿莱寻水脉，翻从沧海见桑田。负薪十载歌方就，投杼当年事可怜。为谢含沙沙且尽，归与吾已欲逃禅。"此诗反映了他当时的心情。

万历十年（1582年），张居正去世。张居正的反对派趁机卷土重来。潘季驯因不愿趋炎附势，随声应和，于万历十二年（1584年）第二次被削职为民。

四年后，即万历十六年（1588年），潘季驯在河患严重，杂议百出的关键时刻，第四次被起用担任总理河道之职，直到万历二十年（1592年）以70多岁高龄的衰老病躯之身放归故里。这一时期尽管因经费问题，潘季驯在治河上难有建树，但其对四次治河的实践却进行了很好的总结，编辑完成了重要著述《河防一览》，从而为其治河思想体系的形成画上了圆满的句号。

万恭的治河观

万恭，字肃卿，江西南昌人。与潘季驯同为明代"合流论"

治河的主要代表人物。他不仅和工部尚书朱衡共同领导了徐州以下的治河、治运活动，取得了良好的治理效果，而且比较认真地总结了当时的治河实践经验，对黄河的特点和治河措施提出了不少精辟的见解。尤其是对黄河泥沙的认识，相较于前人有了明显的进步，为明代由分流治河到合流治河的转变奠定了良好的基础。这里，"合流论"是与"分流论"相对应的治河方策。"分流论"主张采取人为分流的办法，分杀水势，消除水患。"合流论"则强调堤防的作用，旨在利用大堤束水就范。认为通过强化堤防的作用，就可以提高河道水流的冲刷能力，把泥沙输送入海，从而解决河床淤高后引起的黄河决溢灾患。

万恭认为，在黄河治理上必须把握黄河的水性特点，对症下药，方能取得良好的治理成效。因此，他非常重视对黄河河道及其水性特点的观察和研究，并把这些研究成果应用到治河工程建设上。陈子龙《明经世文编》记载隆庆六年（1572 年），河决邳州（今睢宁北），漕运受阻。朝廷命万恭和朱衡共同治理这次河患。他在实地查勘后认为，造成这次决口的主要原因是堤防损毁严重和河床淤积抬高。要行治理，就必须在构筑堤防上做文章，并重视河、湖的清淤。为此，他在此次工程施治中，除新修徐州至宿迁 135 千米大堤外，又对部分薄弱地段的大堤进行了缮修加固。另外，他还针对高邮湖淤积严重的问题，一改过去只重视培修湖堤的做法，在挖浚湖区淤积的同时，又沿湖堤修建闸门 20 多处，以利适时蓄泄，有效避免灾害的发生。

万恭不赞成分流治河的观点，认为黄河的根本问题在于泥沙，治理多沙的黄河，不宜分流，应重视发挥堤防工程的作用。他指出：水的特性是合则水势大、流湍急，分则水势减小、流速减缓。河流湍急，就会水沙俱下；流速缓慢，将造成泥沙淤积，抬高河床。如果能够很好地利用堤防工程规范河道，约束水势，就可以减少淤积，进而刷深河床，增加河槽流量，从而实现并达到"以河治河"的目的。依据这一治河理念，根据不同的河势、河情，万恭提出了一系列治河工程措施。如针对宿迁以下河道宽广，流速快的特点，他认为没有必要在堤防上狠下功夫；而宿迁以上，因河道窄，流速缓，应加固堤防，力求收到"束水攻沙"的效果。至于如何利用堤防工程措施实现刷深河道，万恭也有精彩的论述。在《治水筌蹄》一书中他认为，只要能够很好地借助河势特点，加以工程施治，就可以有效地利用水流的挟沙能力，让河槽刷深或淤积也就变为轻而易举的事。他曾在其著述中写道：要刷深河道北侧，在河的南岸筑堤挑溜即可；要刷深河道南侧，则要在河的北岸筑堤；而要刷深整个河槽，就必须两岸同时筑堤束水。万恭不仅精于观察和研究，而且还善于实践，善于把他的治河思想运用到实际工作中去。他在治理茶城（今江苏省铜山县北）段运河淤积问题时，就有效地运用了堤防导流、束水深刷河床的作用，解决了运道因淤积而受阻的难题。

茶城，是黄河和运河交汇的地方。因黄河水的倒灌、淤积，致使该段运道经常受阻。万恭在奉命治理时，一方面在茶城上游的黄河北岸筑导流堤一道，用以逼流南下，避免黄河高含沙洪水倒灌运河；另一方面整修和加固运河两岸堤防，并运用工程措施尽可能地提高运河的过水流量和水流速度，从而实现"以河治河"的目的，解决了运道淤积、妨害漕运的问题。

万恭重视筑堤，强调堤防于治河的重要作用，认为堤防是实现"以河治河"的重要工程措施。同时，他也十分重视堤防的管理。指出如果不重视堤防的管理，有堤也就等同于无堤，提出要结合不同堤段的实际情况设置机构、人员，严格管理。

万恭主张黄河南徙走淮入海，反对北流，认为黄河南徙有利于漕运，是"国家之福"。京杭大运河是明王朝的交通命脉所在，万恭这样认为有为朝廷考虑的一面，但在很大程度上也是符合当时实际的。万恭治河时，有250多千米的黄河下游河段为运河漕船所必经，是运河的重要组成部分。黄河改道北行不仅直接影响运河这条经济命脉的生存，也将在很大程度上影响到明王朝的社会经济发展，事关大局。另外，运河水源在很大程度上也依赖黄河补给。

万恭与潘季驯是同时代的治河人物。他的这些治河思想对潘季驯影响很大，可以说潘季驯"筑堤束水，以水攻沙"治河方略的提出，是与万恭在治河实践上的认真总结、大胆探索是分不开的。

以问题为导向

潘季驯在《河防一览·卷二》一书中明确记载"筑堤束水，以水攻沙，水不奔溢于两旁，则必直刷乎河底，一定之量，必然之势"。这就是潘季驯"束水攻沙"理论的精髓。综观这一治河方略的诞生，是与潘季驯注重经验总结，大胆理论创新分不开的。而"以问题为导向"强调实践、着重解决现实问题，则是其动力所在。

至明代，尤其是经历了长时间的分流治河后，国人已进一步认识到了黄河泥沙的严重危害。如何处理好泥沙与防洪、防洪与漕运的关系，已成为每一位总理河道必须面对的问题，成了检验他们治河成效的试金石。

潘季驯总理河道之前，解决黄河泥沙的主要工程措施为人力或机械挑浚。而潘季驯并不赞成。在《河防一览·卷二》中他实地观察、认真总结的基础上，分析认为"河底深者六七丈，浅者三四丈，阔者一二里，隘者一百七八十丈。沙饱其中，不知几千万斛，即以十里计之，不知用夫若千万名，为工若千月日，所挑之沙不知安顿何处。纵使其能挑而尽也，堤之不筑，水复旁溢，则沙复停塞，可胜挑乎？"在潘季驯看来，人力挑沙是工大费巨，劳民伤财，不可能真正解决实际问题。对于当时的疏沙船，他强调用在运河可以，用在黄河则无济于事。

认识有了，贵在行动。潘季驯二任总河后，加大了这方面的工程施治力度，提出要防止河道淤塞，首先要避免河道决口，并明确了"筑近堤以束河流，筑遥堤以防溃决"的治理对策。但因保证通漕的需要，加之财力和其他条件的限制，遥堤建设未能提到议事日程，仅仅顾及了缕堤的修筑。

缕堤缩窄了河床，流速加快，相应提高了水流的挟沙能力，确也收到了一时之效。但新的问题也随之而来，遇到难以容蓄的洪水就会漫堤溃决。对此，潘季驯是有清醒认识的。他在《河防一览》一书中总结以往教训时说："频年以来，无日不以缮堤为事，亦无日不以决堤为患。何哉？卑薄而不能支，迫近而不能容，杂以浮沙而不能久。""黄河惟持缕堤，而缕堤逼近河滨，束水太急。每遇伏秋，辄被冲决，横溢肆出，一泻千里，莫之底极。"认为黄河决溢为患，除堤防工程的自身质量外，两岸堤距宽度不够，也是十分重要的原因。

事实上，这是个两难的选择。"束水攻沙"要求堤距尽可能窄；"畅泄洪水"则需要堤距尽可能宽。如何解决"攻沙"与防洪的矛盾，就成为治河者必须思考的问题。

于是，潘季驯三任总河时再次将遥堤的修筑列为重点，希望以缕堤束水攻沙，以遥堤拦洪防溃，统筹解决"攻沙"与防洪的矛盾。为此，他在《河防一览·卷七》一书中计划"先将丰沛缕堤、太行遥堤及徐邳一带缕堤酌量帮筑，徐邳一带旧堤，查有迫近去处，量行展筑月堤"，用以束水；"于两岸相度地形最佳，易以夺河者，另筑遥堤"，以防溃决。据潘季驯三任总河时上呈的《河工告成疏》统计，这次以徐州至清口为工程治理重点，共创筑遥堤达200多千米。至此，潘季驯的缕堤——遥堤双重堤防思想初步确立，在解决攻沙与防洪矛盾上迈出了重要一步。

但问题并未完全解决，一是缕堤的反复决口成为负担；二是缕堤沿岸居民的迁建安置花费大、出力不讨好；三是顺堤行洪后，遥堤的安全问题不容忽视。这也曾一度动摇了潘季驯修筑缕堤的决心。如在他第三次上任总河之初，对于断面狭窄的桃清河段，潘季驯在《河防一览·卷七》一书中指出"北岸自古城至清河，亦应创筑遥堤一道，不必再议缕堤，徒费财力"。后来，他又肯定灵璧双沟"弃缕守遥，固为得策"。

放弃自己的主张是件痛苦的事，因为这事关潘季驯"束水攻沙"治河方略的成败。问题面前不回避，挑战面前不妥协，在实践中不断完善，这就是潘季驯之所以能成为"治河大家"的高明之处。尽管缕堤弊端很多，但潘季驯在第四次任总河期间仍然修筑了自徐州至清口间的160多千米的缕堤。由此不难看出，"双重堤防""束水攻沙"依然是他坚持的治河方针。不过，无论在实践上，还是理论上都有了明显的进步。如他在《河防一览·卷十》一书中总结道："治河之法，别无奇谋秘计，全在束水归槽……束水之法亦无奇谋秘计，唯在坚筑堤防……故固堤，则水不泛滥而自然归槽。归槽，则水不上溢而自然下刷，沙之所以涤，渠之所以深，河之所以导而入海，皆相因而至矣。"在潘季驯看来，河之安然无恙，关键在堤。巩固堤防，约束水流，尽可能使水不漫槽，不仅既可刷沙，还可防洪，是二者兼得的事。此一时彼一时。这时的"束"显然已经不同于早前的"逼水而冲"，重心已放在"约拦水势"，内涵更加丰富。当然，也可理解为其大兴遥堤的立论根据。

万历二十年，潘季驯四任总河的离任前夕，针对遥堤间河道游荡、泥沙淤积的疑问，他认为不必担心。在《总理河漕奏疏》一书中他说："一河之中，溜处则深，缓处则浅，水合沙刷，必无俱垫之理。此浅彼深，亦无妨运之事。"

治理黄河是一项艰巨而又复杂的系统工程，治理成效不仅受世人对其内在规律的认识所限，更与科学技术的进步发展密切相关。潘季驯不畏挑战、艰难探索，令人起敬。潘季驯四任总河期间，有黄河的自身问题，有黄河与运河的关系问题，受复杂的朝局所牵制，要确保在治河上有所建树，不得不多头作战。一是治必有所成。如果收不到好的效果，便一切无从谈起，要求潘季驯必须具有锲而不舍的精神，并在实践中不断完善工程施治的方案。二是排除一切干扰。人言可畏，要坚守自己的主张，赢得当政者的支持，沟通、交流就成为最迫切的问题。潘季驯善于总结、善于思考，是解决现实问题的必然要求，更是反击反对者、赢得各方重视、支持的迫切需要，其一系列言论中力图在自己的理论和实践之间寻求合理的解释，就是很好的明证。

以今天的眼光看，"束水攻沙"有其科学、合理之处，但就当时的生产力水平，要同时解决攻沙与防洪问题是不可能的。这也是潘季驯在实践中把坚筑遥堤、固定河道放在首位的重要原因。有了这一前提，满足稳定流路、保证漕运、减少水患的社会需要也就成为可能。所以，在潘季驯四任总河期间，尽管困难重重，仍取得了较好的效果。也正是在这一过程中，堤防的重要作用逐步得到了世人的认可，并一步步彰显出来。

借来的力量

今江苏省淮阴市境内的清口，在明清两代为黄河、淮河、京杭大运河的交汇之地，可谓扼南北运道之咽喉，控黄淮入海之要冲。自宋朝中期黄河夺淮入海至万历初年（1573 年），黄河已经由此行河近 400 年。由于泥沙淤积和黄河的顶托，此时的淮河在与黄河汇流前，已与洪泽湖融为一体。隆庆、万历年间，清口以及整个入海尾闾的淤积十分严重，维系明王朝命脉的京杭大运河受到致命威胁，淮扬地区灾难沉重。

假如把潘季驯"束水攻沙"视为借水之力的话，在治理清口至入海口的方策上，他借的是淮河之"势"、之"清"，并进而形成了"以清刷黄"的治河思想。

万历六年（1578 年），黄河在宿迁崔镇一带决口，淮河决口安高堰，清口被沙掩埋，以下河道淤积严重，仅剩一沟之水，海口淤塞也很厉害。漕运受阻，朝野震惊，治黄、治运一时成为国人关注的焦点。不少官员就事论事，主张以疏浚为主，浚清口、浚河道、浚海口，清理淤积，打开通道。时任总河的潘季驯却采取了截然不同的措施，独辟蹊径，通过借淮之"势"，统筹解决黄、淮、运三者之间的问题。正如清代学者赵田思在《江南通志》所写："尽合黄淮全河之力，涓滴悉趋于海，则力强且专，下流之积沙自去。下流即顺，上流之淤垫自通，海不浚而辟，河不挑而深矣"。

为实现这一目标，潘季驯采取了如下工程措施：首先堵塞两处决口，同时进一步修筑、完善了黄河两岸大堤，加固高家堰，使淮河之水尽出清口，保证了黄、淮合流。

实践证明，潘季驯是正确的，"高堰初筑，清口方畅"（《明史》卷八十四《河渠志》）。此后，潘季驯又陆续对高家堰大堤进行了整治和加固。在第四次出任总河后，还将高家堰的一段大堤砌成石工，并计划从万历二十一年（1593 年）开始，用 8 年时间把大堤全部建成石工，以保证堤防无虞、淮水尽出清口。

借淮之"势"也成了潘季驯治河的得意之作。如他在《申明修守事宜疏》中说："清口乃黄淮交会之所，运道必经之处，稍有浅阻，便非利涉。但欲其通利，须合全淮之水尽由此出，则力能敌黄，不为沙垫。"在《河议辨惑》中指出："且所籍以敌黄而刷清口者，全淮也。淮若中溃，清口必塞。"在《河工告成疏》中进一步强调："清口乃黄淮交会，而淮黄原自不敌。然清口所以不致壅淤者，以全淮皆从此出，其势足以敌黄者也。若分之则必致壅淤，先年决高堰，清口皆成平陆，可鉴矣。"

"水合则势猛"是潘季驯反复强调的观点，但借淮之"势"更重要的是借淮之"清"，这在他的著述中也多有表述。首先，他反对两条多沙河流相合，即反对"以浊溢浊"。在《河议辨惑》中，潘季驯针对当时有人主张引沁河水入卫河，以便分杀黄河水势。他指出："卫水固浊，而沁水尤甚，以浊溢浊，临清一带必致湮塞，不可也。"其次，潘季驯赞成并力主清水入黄。如他在论述归仁堤的作用时讲："遏睢水、湖水（邸家湖、白鹿湖），使之并入黄河，益助冲刷，关系最为重大。""以浊溢浊""必致湮塞"，以清释浊，"益助冲刷"，观点鲜明。在潘季驯看来，清水下泄，必能冲刷河床，减轻淤积。

淮河的泥沙含量较黄河来说可忽略不计。潘季驯在《河工告成疏》中，曾把黄、淮比作泾、渭。他说："见淮城以西、清河以东，二渎交流，严若泾渭。"同时，他还认为清口和黄淮入海尾闾的淤积，与高家堰决口，淮水东溃之后，河床得不到清水稀释、冲刷有关。因此在《河防一览·卷九》一书中他说："云梯关外海口甚阔，全赖淮黄二河并力冲刷。若决高堰，清口必淤；止余浊流一股，海口必塞；海口塞，则下壅上溃，黄河必决，运道必阻，此前岁覆辙也。"另外，在运河与黄河交汇处茶城的治理上，也强调"以清刷浊"的重要。他认为此处"黄强清弱，故黄发必倒灌茶城，与漕水相抵，沙停而淤，势所必至。然黄水一落，则漕水随之而出，沙随水刷，仍复故渠，亦势所必至者。但勿令漕水中溃耳。""中溃"，即避免清水的损失。潘季驯将此减淤之法，推广到所有清、黄交汇处的治理。"此在清口、直河、小河口，凡系清黄相接处皆然。"

潘季驯的这一思想得到了后人的传承和发展。清代，靳辅、陈潢治河提出了"以黄济淮"作为"蓄清刷黄"的补充措施，即让清口以上的减泄之水，经沿途低洼地沉淀，汇入洪泽湖，再出清口，最终达到增加清水的目的。陈潢说得更形象、透彻。靳辅在《治河奏绩书》一书中提到"若无清淮从而涤之，则海口尤易于淤。譬之人食稠糜，必易于哽咽，若漱以清茗，有不利喉而不者乎？"今天的"调水调沙"也是通过改善水沙关系来实现和达到河床减淤、冲刷的目的。远景中的南水北调西线工程，除借用长江水资源满足黄河流域经济社会发展需要外，还有一个重要作用就是解决黄河下游河床的淤积抬升问题。

当然，"蓄清刷黄"也有其明显的弊端，主要是围绕"蓄清"带来的。一是淹没范围扩大，二是洪水威胁的风险加大。尤其在潘季驯治河时代，要解决好这些问题，是有相当大的难度。但单从潘季驯治河后，黄河下游河道相对稳定 200 多年的效果看，"束水攻沙""蓄清刷黄"的减淤作用是不可否认的。

淤滩固堤

淤滩固堤，即通过工程措施有计划地抬高滩地，达到保护和巩固堤防的目的。万历十九年（1591 年），潘季驯的治河生涯行将结束。他在《条议河防未尽事宜疏》中，将"放水淤平内地，以图坚久"列为首条建议，正式提出淤滩固堤的方策。这也是潘季驯继"束水攻沙""蓄清刷黄"之后，又一个利用黄河泥沙的治河措施，并实现了从单纯强调攻沙，到注意用沙的转变。

理论源于实践。淤滩固堤的诞生，也是如此。前面说了，潘季驯为了解决黄河洪水、泥沙问题，有了筑缕堤、修遥堤、建格堤的大规模实践。特别是为解决缕堤决水对遥堤冲刷的格堤建成后，让潘季驯看到了格堤的重要作用。他在《河防一览·卷三》一书中提出："纵有顺堤之水，遇格即返，仍归正漕，自无夺河之患"。"防御之法，格堤甚妙。格即横也，盖缕堤既不可恃，万一决缕而入，横流遇格而止，可免泛滥。水退，本格之水仍退归槽，淤留地高，最为便宜。"格堤不仅可以滞留洪水，还可以容留泥沙，减轻下游防洪压力，并在某种程度上减缓主河槽的淤积，相当于今天上中游水库对洪水、泥沙的调蓄。

智者不放过一丝一毫，在毫厘间就能够看到解决问题的希望。"淤留地高，最为便宜"。为什么要把泥沙冲走呢？留下来也很好啊！留在河槽中有害，留在滩地上就能化害为利。思路一变，天地宽，淤滩固堤的想法由此而生。

于是，潘季驯在徐州房村至宿迁峰山 70 多千米的南岸遥堤、缕堤间，修筑了 7 道格堤，作为淤滩固堤的措施。在《河防一览·卷三》一书中他认为"偿岁岁增修高厚，可永无分流夺河之患"，强调"北岸亦仿而行之，多多益善也"。

潘季驯的这一说法是有道理的。依当时情况，房村至峰山间遥堤与缕堤的距离约 0.5 千米左右。若按一次大洪水淤积的厚度平均为 0.1 米计算，该河段可淤积 350 万立方米泥沙。难怪潘季驯如此看重格堤的作用。

也有人对遥堤与缕堤间的洪水滞蓄表示担心。潘季驯认为大可不必。在《行水金鉴·卷三十五》一书中记载他说："决可入水，亦可出水。水落之后，放水归槽，无难也。纵有积涝，秋冬之间特开一缺放之，旋即填补，亦易易耳。若无格堤处所，积水顺堤直下，仍归大河，犹不足虑矣。"当然，这里有个顺堤行洪问题。

假如把利用格堤容留泥沙视为消极用沙的话，此后，潘季驯结合实际所提出的新的设想，则更为积极。实践中，潘季驯发现在宿迁一带仅有遥堤，没有缕堤和格堤，但同样达到了"淤留岸高"的目的。他在《总理河漕奏疏》一书中说："宿迁以南，有遥无缕，水上沙淤，地势平满。民有可耕之田，官无岁修之费，此其明效也。"还有一例也给他带来了极大启发。"即如前年单口一带，地遂淤高；今岁严铺一开，睢水北岸皆为阜址。"同时，他对缕堤的副作用也有了更为清醒的认识。如何解决其易决、难守、花费大等问题，再次成为潘季驯思考的重点。针对"淤留岸高"的显著效果，潘季驯提出要"放水淤平内地，以图坚久"的大胆设想。"内地"，即遥堤与缕堤之间的滩地。具体办法是："先将遥堤查阅坚固，万无一失，却将一带缕堤相度地势，开缺放水内灌。黄河以斗水计之，沙居其陆。水进则沙随而入，沙淤则地随而高"。意思是要变被动为主动，选择时机和合适堤段人为引黄淤滩。潘季驯还进一步指出：如果此措施能够坚持下去，黄河下游两岸将形成一定宽度的高地，涨漫之水不再惧怕，缕堤有无不足挂齿，强调这才是巩固堤防的上策。

潘季驯是黄河治理史上的一代名家，其突出特点是尊重黄河的内在规律，重视因势利导。在《河防一览》中就明确指出"束水攻沙""以清刷浊""淤滩固堤"无不如此。"与其以人培堤，孰若用河自培之为易哉！""淤滩固堤"自此成为巩固堤防的重要工程措施。清乾隆、嘉庆时期，放淤固堤一度形成高潮。在黄河下游，西自河南武陟，东到苏北，放淤固堤工程大规模开展。另外，在永定河、南运河等河流上，也得到了普遍运用，并收到了较好的效果。今天，利用黄河泥沙放淤固堤已成为下游防洪治理的一项重要工程措施。初具规模的控导工程，除具有控制河势、护滩保堤的重要作用外，在很大程度上也收到了淤滩固堤的良好效果。事物都有其两面性，淤滩固堤于黄河治理来说有其积极的一面，但他是牺牲局部利益换来的，突出的表现为移民问题。

潘季驯总理河道期间，主要是利用格堤落淤固堤。遥堤与缕堤间广袤的土地，除汛期外，洪水很少漫及，一年中多数时间安然无事。"黄河滩，粮油川"是百姓喜欢耕作、生活的地方。在洪水不上滩的情况下，要劝离他们，是十分困难的。而且滩区居民多从眼前利益出发，愿守缕堤而不愿守遥堤。在《总理河漕奏疏》一书中提到"不念坚厚之遥堤可恃，而专力于滨河一线之缕"。为解决淤滩和遥堤的修守问题，当时明确规定：濒缕堤居住的百姓，每年四五月汛期到来之前，搬到遥堤上；九月汛期过后，再搬回。然而，工作并不好做。正如潘季驯在《河防一览·卷二》一书中所言："从否固然难强之，然至危急之时，彼亦不得不以遥堤为家也。"

减水坝

减水坝，又名"分洪坝"，即在河道一侧建造的溢流设施。当洪水上涨时，用减水坝以分洪使江河之水溢流他处，保护下游堤防，防止或减轻险情。也有将坝顶齐地平的滚水坝称作减水坝。

黄河下游的洪水灾害，主要是伏秋大汛期间的暴雨洪水造成的。面对暴涨、肆虐的洪水，如何采取有效的工程措施给予化解，成为历代治河者不断努力的方向。在古代低下的生产力水平下，主要应对方式除堤防工程外就是分流，这也是明朝前期的主要手段。潘季驯反对黄河分流，但并不反对适当分泄暴涨的洪水。如果采取开支流的方式分水杀势，潘氏认为存在有两大弊端：一是泥沙淤积加剧，可能导致正河被夺；二是在绝大多数时间无水可分的情况下，开河所投入的巨大人力、物力和财力不合算。

潘季驯针对黄河水沙不平衡，洪峰量大但历时短的水文特征，积极倡导修建减水坝，可谓用心良苦，见解独到，独辟蹊径。

首先，减水坝适当分流洪水，既能让洪水挟沙入海，减轻泥沙淤积，还能够有效避免堤防的决口之患。在《河防一览·卷七》一书中潘季驯认为"黄河水浊，固不可分，然伏秋之间，淫潦相仍，势必暴涨，两岸为堤所固，水不能泄，则崩溃之患，有所不免。"减水坝"比堤稍卑二三尺，阔三十余丈。万一水与堤平，任其从坝滚出，则归槽者常盈，而无淤塞之患；出槽者得泄，而无它溃之虞，全河不分，而堤自固"。"归槽者常盈"，就能够满足冲沙需要；"出槽者得泄"，则防止了堤防的溃决。这就是减水坝想要达到的目的。

其次，减水坝应对的主要是大洪水，体现了与支河分流和开决口分水的不同。潘季驯反复强调，"伏秋水发盈槽，恐势大漫堤，设此分杀水势。稍消即归正槽。""它是防异常之涨，非以减平槽之水也。"这是与支河分流的重要区别。"决口虚沙，水冲则深，故挈全河之水以夺河。"减水坝"坝面有石，水不能流，故只减盈溢之水，水落则河身如故"。这是与决口分水的差别。

第三，减水坝的保护对象是遥堤，工程建在遥堤上。减水坝的作用，相当于今天水利枢纽工程的溢洪道。在水利枢纽中布置溢洪设施，早在先秦时期修建的都江堰、灵渠等工程上已有实践。但这些溢洪工程只控制过水下限高程，而不控制上限高程（即不控制最大泄洪断面或水深）。建在遥堤上的减水坝，要确保大堤的安全，不仅要严格控制下限的过洪高程，还要严格控制过坝水深，即最大泄洪量。这与现代水利枢纽中对溢洪道的要求是一致的。早在400多年前，潘季驯就能够有如此大胆的创新和实践，真不愧为水利名家，也体现了当时我国较高的水工技术水平。

但问题也随之而来，主要是当时尚不具备水文计算的方法，对天然来水的流量，以及洪水频率等缺乏科学地测量和统计。因此，要确保河道冲刷而又不致漫堤，应该布设多少减水坝，每座减水坝泄流断面该多大，坝顶溢流高程该多高等关键问题，只能凭经验预估，失误在所难免。如在减水坝的布设数量上，如果少了，就可能因宣泄不及而出事故；多了，又造成浪费。坝顶高程的确定，也是难题。高了，有决堤之险；低了，则影响河槽冲刷。

问题难不倒有心人。潘季驯的高明之处就在于他能够依据实际而不断总结、改进。隆庆年间（1567~1572年），潘季驯二任总河时建议在磨脐沟和羊山附近修建2座减水闸。"两闸底约与常流河水相平，一遇泛滥即由闸分水，水涓仍复归槽，不致走泄。"这里需要简单说明一下减水闸与减水坝的区别。减水闸能够严格控制过水断面，减水坝则不能，但二者对最低过水高程的要求却是一致的。此时，设计的泄水高程是"与常流河水相平"。潘季驯三任总河后，在修崔镇等减水坝时，泄水高程已比"常流河水"要"高5~6尺"，即比原来提高了近2米。在潘季驯所著《河防一览·卷八》中对这一变化早已说明，并已认识到一般洪水不易分泄，只能分泄"异涨之水"，才能对"束水攻沙"有利。再以减水坝的数目变动为例：最初规划时，桃县北岸拟建崔镇、徐升、季太3座。完工后，"伏水涨溢之时，甚赖其减泄之力"。看到明显效果的潘季驯，随之又在季太至清河间增建了三义镇减水坝。万历十八年（1590年），又决定在磨脐沟增建减水坝1座。

另外，在坝址的选择上，潘季驯也提出了明确要求，强调"建坝必择要害卑洼去处"。所谓"要害"处，即易于漫涨溃决之处，如河段弯曲、狭窄处等。所谓"卑洼"处，即地势低洼的地方，以便分流之水畅泄。当时桃清一带地势低洼，湖泊较多，就成了潘季驯修建减水坝的首先之地。

然而，也有不同声音，焦点集中在减水坝作用的发挥上。水小，减水坝起不到应有的作用，便有人提出要撤坝；水大，出现异涨，宣泄不及，又有人指出还不如开支河分流。这里，除与当时的水文技术发展滞后有关外，也与河道的不断淤积抬高，减水坝常常不能满足要求等因素关系密切。到了清朝康熙年间，靳辅治河时，减水坝的数量大大增加，一方面可能有河床抬高，容蓄量减小的原因，另一方面，也反映出潘季驯时减水坝数量偏少。

千载识堤第一家

潘季驯于堤防的贡献，突出的表现在理论和实践两个方面。尤其在理论上，他辨疑释惑，认识深刻，界定科学，赢得了后人的高度评价，被誉为"千载识堤第一家"。

首先，潘季驯对堤防的作用有了更全面、更深刻的认识，基本解决了历史上长期以来的分疏与筑堤之争，统一了思想，奠定了堤防在黄河防洪工程建设中的重要历史地位。

明以前，尽管对堤防的作用以及建设、管理、养护、抢险、堵口等已有所认识，但由于受大禹治水、西汉贾让"治河三策"的影响，以及现实的考量，对堤防的存在价值争论不休，发展缓慢。特别在宋、元以及明前期的治黄主张中，甚至把堤防认为是导致黄河治理失败的一条重要原因，并于明初进行了大规模的分流治河实践。

潘季驯是在分流治河遇到严重挫折的情况下开展治河活动的。实践中，他认真总结、分析、研究历代治河，特别是当时治河的经验，针对黄河水沙特性，大力提倡通过堤防来达到"以水治水"的目的，从而赋予了作为重要防洪手段的堤防工程以新的意义，实现了从防到治，从对付水到对付沙这一堤防概念的根本变革。

分析潘季驯对堤防作用的认识，最早是通过对历史上一些错误观点的驳斥而展开的。如他把治水与筑堤完全对立的观点，归结为崇古思想和失之细考的片面解释；针对贾让等人的一些堤防观，他从堤防角度立论，把障与疏、宣与塞统一到堤防中。如潘季驯把遥堤、缕堤作为束水攻沙的工具；遥堤、格堤作为淤滩保堤的工具；顺水坝作为挂淤固堤，保护要害处所的工具；挑水坝作为辅助堵口的措施等。这些合理的、切合实际的论证、措施，当然也就会产生非常强的说服力。另外，潘季驯还把传统方法与现实方法统一于堤防中。他在《申明修守事宜疏》中说："束水归漕，归漕非他，即先贤孟轲所谓水由地中行""堤防非他，即禹贡所谓九泽既陂，四海会同"等。

当然，同时代人的影响也不能低估。工部尚书朱衡，曾两次主持治河，强调堤防在黄河治理中的重要作用，在傅泽洪主编的《行水金鉴·续行水金鉴》一书中清晰指出"国家治河，不过浚浅筑堤二策"。万恭则从水流的特点，分析堤防的重要。他说："故欲河之不暴，莫若令河专而深，欲河之专而深，莫若束水急而骤，使由地中行，舍堤无别策矣。"万历二年进士、工部主事佘毅中也认为河绝不是堤防的过错，这一观点被记录于张希良所著《河防志》一书中。他说："顾频年以来，无日不以缮堤为事，亦无日不以决堤为患。何哉？卑薄而不能支，迫近而不能容，杂以浮沙而不能久，堤之制未备耳！是以河决崔镇等口，而水多北溃，为无堤也。淮决高家堰、黄浦等口，而水多东溃，堤弗固也。乃议者不咎制之未备，而咎筑堤为下策，岂得为通论哉！"

其次，创立了一整套完整而又规范的堤防制度，包括堤防建设的标准、规格，堤防的守险、减水设施、检查修补、紧急抢护及守堤和堤夫的管理等多方面的内容。在其所著的《两河经略疏》中，他从以下五个方面进行了详细的论述：一是"堤欲坚，坚则可守，而水不能攻"，这是保证堤防安全的首要条件，尤其是导流、挑水堤段，更应经得起水流的冲刷；二是"堤欲远，远则有容，而水不能溢"，要求要满足过洪的基本要求；三是"凡堤必寻老土，凡基必从高厚"，从堤防的施工技术上提出要求；四是因地制宜地创筑遥堤，以增加防洪安全；五是"创建滚水坝以固堤岸""则归漕者常盈而无淤塞之患，出漕者得而无他溃之虞"。总之，"欲堤之不决，必真土而勿杂浮沙，高厚而勿惜巨费，让远而勿与争地，则堤乃固"。

与之相对应，潘季驯还把堤防的修筑与防守提到相当重要的高度来加以认识。他首创了堤防的分类方法。如他按堤防的材料将大堤划分为土堤、石堤、砌石护坡土堤等；按作用分有缕堤、遥堤、挑水坝（导流坝）、丁字堤及落淤固滩的顺水坝，有些堤段上还视防洪要求修筑了溢水坝和滚水坝。他进一步强调堤防作用及经久稳固在于人而不在堤，并详细制定了一系列的堤防修守制度。如铺夫制度、大堤加固制度、四防二守制度（昼防、夜防、风防、雨防，官守、民守）、岁修工料准备制度、防汛报警制度等。所有这些，用现代的眼光来审视，也是较为科学而合理的。

第三，更重要的是，潘季驯的堤防实践。他第二次治河时，筑缕堤"3万余丈"。第三次治河时，"筑高家堰堤六十余里，归仁集堤四十余里，柳浦湾堤东西七十余里，塞崔镇等决口百三十，筑徐、睢、邳、宿、桃、清两岸遥堤五万六千余丈，砀、丰大坝各一道，徐、沛、丰、砀缕堤百四十余里……"（《明史·河渠志》）。第四次治河时，仅在徐州、灵璧、睢宁、邳州、宿迁、桃源、清河、沛县、丰县、砀山、曹县、单县等 12 州县，加帮创筑的遥堤、缕堤、格堤、太行堤、土坝等工程共计"十三万多丈"；在河南荥泽、原武、中牟、郑州、阳武、封丘、祥符、陈留、兰阳、仪封、睢州、考城、商丘、虞城、河内、武陟等 16 州县，帮筑创筑的遥、月、缕、格等堤和新旧大坝多达"十四万余丈"。据《河防一览》一书中粗略统计，潘季驯三次治河，总计筑堤达1300 多千米。

好的理论，必须经得起实践的检验。潘季驯第三次治河后，十余年未发生大的决溢，行水较畅，得到了时人的认可。如太仆卿常居敬在《钦奉敕谕查理黄河疏》中说："数年以来，束水归槽，河身渐深，水不盈坝，堤不被冲，此正河道之利矣。"太常卿佘毅中在《全河说》中也说："今太子少保潘公，屡膺河寄，洞炤委源，才谞精诚，并称绝世……故自告竣以来，河身益深，而河之赴海也急；淮口益深，而淮之合河也急。河、淮并力以推涤海淤，而海口之宣泄二渎也急。用是河尝秋涨而涯畛屹然，淮尝夏溢而消耗甚速。贡赋舳舻，若履枕席，转徙子遗，寝缘南亩，盖借水攻沙之效已较然显白矣。"在第四次治河时，他大规模修筑黄河下游两岸长堤，巩固堤防，河道基本趋于稳定，扭转了嘉靖、隆庆年间河道"忽东忽西，靡有定向"（《明史·河渠志》）的混乱局面。这些成就是同时代的任何人所未达到过的。

潘季驯在堤防建设上所取得的卓越成就，是与其对黄河水沙特性和规律的科学认识分不开的。如他抓住黄河"水少沙多"的特点，得出"水分则势缓，势缓则沙停，沙停则河饱""水合则势猛，势猛则沙刷，沙刷则河深"等关于水沙关系的科学论断，与现代河流动力学中水流挟沙力的概念是完全一致的。在此基础上，针对当时的黄、淮、运关系与黄河河道，他提出了稳定河道、坚筑堤防、束水攻沙、借清刷黄的治河方针是颇具见地与合理的。当然，也不可否认其理论的局限性。由于过高地估计了"以水攻沙"的效果，过分强调水流对河道泥沙的冲刷作用，忽视或讳言泥沙在黄河下游淤积的不可避免性。另外，其理论仅对下游河道做文章，而未意识到对上中游沙源的控制等。正因如此，潘季驯主政黄河治理时期，并未达到其理想中的效果。

潘季驯的治河思想和堤防观对后人的影响是巨大的。清初著名经学家、地理学家胡渭在《禹贡锥指》一书中盛赞潘季驯："观其所言，若无赫赫之功，然百余年来治河之善，卒未有潘公者。"清代治河专家陈潢在《河防述言》一书中指出："潘印川以堤束水，以水刷沙之说，真乃自然之理，初非娇揉之论，故曰后之论河者，必当奉之为金科也。"近代治河名人李仪祉及一些国外治黄研究者对潘氏的理论也颇为赞赏。在人民治黄的今天，黄河下游的堤防经过 70 余年不断建设，已初具规模。重视堤防，加强人防，"上拦下排，两岸分滞"等治黄方针，也无不与潘季驯治河理论的继承与发展有关。特别是改革开放以来，在党中央、国务院的高度重视和关怀下，下游堤防建设的投资力度日益加大，科技含量也越来越高，堤防工程更加完整、坚固，充分体现了潘季驯坚筑堤防的思想。

河议辨惑

研究黄河治理与开发的历史，治河思想上的论争大致经历了三个大的高潮。一是汉代，一是宋代，再就是明代。汉代和宋代的治河方案多但具体措施少，空洞议论多而见诸实践少。到了明代，特别是著名治河专家潘季驯的"束水攻沙"理论提出后，这一风气才逐渐有所好转。如果细加分析，首先是与潘季驯的治河名篇——《河议辨惑》分不开的。

《河议辨惑》是潘季驯晚年的一篇重要著述。尽管仅万余字，却集中概括了潘氏一生中最主要的治河观点。全篇以问答形式表述，共有大小议题 31 个，涉及的方面有河有神否、故道能复否、洪水淤滩、蓄洪减水及治河和治漕的关系等，其中论述"筑堤束水，以水攻沙"内容的文字约占半数以上。由于文中所回答的多为有争议的历史及现实问题，因此可以说是对明代以前历朝历代各种治河思想的总结和概括，也是对某些长期争论不休的不适观点的系统批驳。当然，从某种意义上也可以说，《河议辨惑》是前人治黄思想的集大成者。下面，不妨试举一二：

天神观念，古已有之，并长期束缚、禁锢着人们的治河思想。潘季驯重视治河实践，他在《河议辨惑》中开门见山地表明了反对立场，明确指出"归天归神，误事最大"，强调把黄河的决口泛滥归罪于"神"、治理寄希望于"神"，是"愚夫俗子之言，慵臣慢吏推诿之词也"。同时，他还认为，假若黄河真有"神"，那么这个"神"就是"水之性"。只要按照水流之规律办事，就可以赢得像大禹那样的治水功绩。这充分体现了潘季驯的唯物主义思想和人定胜天的精神。

黄河的"善决""善徙"，曾使北宋大文学家、史学家欧阳修发出了"黄河已弃之故道，自古难复"的感叹。潘季驯在《河议辨惑》中驳斥道："修之言未试之言也，且但云难复，非不可复也"，并以汉武帝瓠子堵口、大禹治水等史实为例，证明故道是"可复"的。之后，他引用了孟子"尽信书不如无书"的名言警句，并断然说"修之言不足信也"。

堤防的存在价值，一直是世人争论的焦点，反对意见长期占据上风。潘季驯重视堤防的作用，力主筑堤束水，强调"治河之法别无奇谋秘计，全在束水归槽""束水之法亦无奇谋秘计，惟在坚筑堤防"。"故堤固则水不泛滥，而自然归槽。归槽则水不上溢,而自然下刷。沙之所以涤,渠之所以深,河之所以导而入海,皆相因而至矣。"有人便以西汉贾让的堤防观加以反对。为此,《河议辨惑》中就有了这么一段精辟的论述。"惑有问驯曰:贾让有云,土之有川,犹人之有口也,治土而防其川,犹之儿啼而塞其口,故禹之治水以导,而今治水以障何也,无乃止儿啼而塞其口乎?驯应之曰:昔白圭逆水之性,以邻为壑,是为之障。若顺水之性,堤以防溢,旁溢则必泛滥而不循轨,岂能以海为壑耶?故堤之者欲其不溢,而循轨以入於海口也。譬之婴儿之口旁溃一痏,久之成漏,汤液旁出,不能下咽,声气旁泄,不能成音,久之不治,身且槁矣,何有於口?故河以海为口,障旁决而使之归於海者,正所以宣其口也。"意思是只有"顺水之性",加强堤防,方能使洪水顺利入海,避免决溢灾患。这里,潘季驯以婴儿口痏不治的恶果来做比喻,形象而又生动地阐释了"筑堤束水"的治河方策,读来饶有趣味,极富感染力。另外,一"塞"一"痏",同为其"口",结论却截然不同,真可谓针锋相对,驳得绝妙。

堤防决口是世人诟病堤防的元凶,有人把此归罪于肆虐的洪水,也有人认为是堤防之过。潘季驯在《河防一览·卷二》一书中掷地有声地回答道:"河势自无不猖獗者,譬之狂酋悍虏,环城而攻,唯在守城者加之意耳。""譬之盂中之水至静也,执事者不戒于盂,偶损一隙,则水必从隙迸出,主人不以治盂,而以罪水,冤哉水乎,良可叹也!"并举例说,河官弃守,或防守不力,导致决口;河官为逃避罪责,又将决口之责"委之于河""河之罪不可解矣"。强调决口不是堤防的问题,更不是洪水这一客观原因造成的，关键是要注重防守，注重对堤防的建设与维护。

从以上所列举的内容不难看出，潘季驯在如何看待前人的治河思想上是坚持实践，而不是拘泥于古人和书本。他的批驳不是武断否定，而是有理有据，在强调史实的同时，也强调时代的变异。同时，他还特别指出空洞言论的根源，是"身未经历"，真可谓一语中的。

正是这种求真务实的态度和严谨的治学作风，促成了潘季驯"筑堤束水，以水攻沙"治黄方略的诞生。《河议辨惑》也成为解疑释惑、澄清史实的治河名篇。至此，长期的治黄论争才有了初步的统一。清人更是把"筑堤束水，以水攻沙"作为治理黄河的座右铭。

河运之关系

黄河漕运的历史悠久，其发展演变若按运道的性质可分为天然河道、人工运河与天然河流并存和再恢复到天然河道等三个阶段。按中心区域划分则大致经历了以中原地区为中心的先秦时期——鸿沟水系；以西安为中心的西汉时期——长安漕渠、荥阳漕渠；以洛阳为中心的东汉、隋唐时期——汴渠、通济渠、永济渠和以开封为中心的北宋时期——汴河等。

元代以后，北京成为全国的政治、经济中心。因统治集团所需要的一切财物仍然"无不仰给于江南"，创建于元代的京杭大运河就成为明清时期的经济交通命脉。穿黄而过的运河始终难以摆脱黄河的影响，并在相当长的时期内对漕运的发展产生过重要的作用。如在明代，先后有宋礼筑戴村坝、陈瑄凿清口、李化龙开泇河之创举，目的就是避黄河风涛之险。不过，仍未彻底脱离黄河，约有 90 余千米借黄河为运道，风涛之险，洪水漫溢之灾仍不可免。

元建都大都（北京市），为满足京城所需，最初以海上运输为主，"岁漕东南粟，由海道以给京师"（《元史·食货志》）。为了在陆上另开一条贯通南北的水道，"以通南北之货"，元代陆续在今山东、河北地区开凿了济州河、会通河和通惠河，试图在我国东部地区开辟一道连接京城大都与江南的航道。

济州河于至元十九年（1282 年）动工兴建。河道自任城（今济宁市）至须城（今东平县）安山，长约 75 千米，"于兖州立堽堰，约泗水西流，堽城立堽堰，分汶水入洸河，南会于济州"（《元史·河渠志》）。据傅泽洪所著《行水金鉴》记述，即利用泗水南流入淮，汶水北流汇入大清河入海的自然条件，在奉符（今泰安市）堽城附近汶河上筑坝，遏汶水，于汶水左岸设斗门引汶水入洸河，往西南流向任城。又于兖州城东泗水上筑金口坝，拦截泗水，于泗水右岸建斗门引泗水西去与洸河合流，一并出任城分流南北。济州河建成后，南来漕船可以经由淮水、黄河、泗水直达安山，下济水（大清河）顺流至利津入海，再由海路到达直沽（天津市）。后因海口沙壅，又从大清河北岸东阿陆运 100 千米至临清，改由御河（卫河）北上。但陆路运途中经茌平一段，地势卑下，"遇夏秋霖潦，牛车跋涉其间，艰阻万状"，因此又于至元二十六年开会通河，长 125 千米，"起东昌路须城县安山之西南，由寿张西北至东昌，又西北至于临清"（《元史·河渠志》），与御河相接。至此，南来的船只可由杭州直达通州（今通州区），基本沟通了南北之间的水上运输。至元二十八年（1291年），在都水监郭守敬的建议下，又开凿了通州至大都的通惠河。但受济州河的分水限制，"终元之世，海运不罢"（《元史·食货志》），仍以海运为主。

明成祖朱棣定都北京后，南粮北调的任务日益加重，于永乐九年（1411年）命工部尚书宋礼修浚会通河。宋礼在勘察地势后，接受汶上老人白英的献策，在汶水下游东平戴村坝筑坝，拦截汶水全部流至济宁以北有"南北之脊"之称的南旺。分水处从济宁移至此地后，"南流接徐、邳者十之四，北流至临清者十之六"（《明史·宋礼传》），巧妙地解决了元代行水不利的问题。此后，宋礼又自汶上袁家口至寿张沙湾之间开新河，将会通河河道东移25千米；疏浚祥符鱼王口至中滦下10多千米黄河故道，自封丘金龙口，引河水"下鱼台塌场，会汶水，经徐、吕二洪南入于淮"（《明史·河渠志》），以接济运河水量。

在宋礼完成河、运的治理后，主持漕运的平江伯陈瑄又采纳地方故老的建议，"自淮安城西管家湖凿渠二十里，为清江浦，导湖水入淮，筑四闸以时宣泄。"又"缘湖堤十里筑堤引舟"（《明史·陈瑄传》），使南来漕船经由湖水直接入淮，避免了盘坝陆运之劳。以后，他又陆续"浚仪真、瓜洲河以通江湖，凿吕梁、百步二洪石以平水势，开泰州白塔河以达大江"，设沽头、金沟、谷亭、鲁桥等闸。经过这一番整顿，"自是漕运直达通州，而海陆运俱废"（《明史·河渠志》），京杭大运河全线贯通。

然而，由于徐州北至临清一段往往受黄河北决冲淤，徐州南至清河一段以黄河为运道，漕运常受黄河干扰，时通时塞。终明一代，治河治运纠缠在一起，河、运结下了不解之缘。

陈子龙在《明经世文编》一书中对黄河的评价是"利运道者莫大于黄河，害运道者亦莫大于黄河"。明人既害怕黄河冲毁或淤塞运道，又希望利用黄河水补充运河。徐有贞治理沙湾、白昂、刘大夏治理张秋，都是由于黄河改道北犯沙湾、张秋一带，冲毁会通河，阻断了漕运而引起的。但如何防止黄河冲毁徐州上下的运道，又不使徐州以南的运道因缺水而受阻，却一直是一个十分棘手的问题。嘉靖以后，河患集中于徐州附近，运道不是被黄河冲毁，就是脱离了黄河。"运道淤阻""徐吕浅涩""粮艘阻不进"等，成了《明史·河渠志》中的常用语。

为避开黄河，另开新的运道成为治河、治运者的首选。嘉靖七年（1528年），总河盛应期在昭阳湖东丘陵边缘开凿新运河，因遭遇旱灾，进行一半而停工。隆庆元年（1567年），朱衡在此基础上，完成了"南阳新河"（又称"夏镇新河"）的兴建，极大的改善了漕运状况。万历三十三年（1605年），总河李化龙完成泇河的开凿，"自直河至李家港二百六十余里，尽避黄河之险""运道由此大通"（《明史·河渠志》）。

但是，明人避黄行运的目的直到明末也未能完全实现，仍有近100千米的途程需要以河代运。至清代，靳辅在前人的基础上予以彻底根治。康熙二十五年（1686年）在骆马湖（今江苏西北之骆马湖）凿渠，历宿迁、桃源，至清河之仲家庄出口，名曰中河，又名中运河。漕船北上后，出清口，入黄河仅行数里，即入中河，直达张庄运口，从而避开90多千米黄河之险。自此，除清口上下运河穿黄处外，京杭大运河与黄河基本脱离，以黄代运的局面才最终结束，黄河决口自此成为运道阻塞的主要原因。

开封城的灭顶之灾

开封是我国历史文化名城，七大古都之一，有"七朝古都"之称，也是中原地区著名的古战场。历史上，发生在中原的不少战事均与开封有关。如信陵君窃符救赵国、李自成三围开封城等故事就发生在这里。

崇祯十四年（1641年），有着二百七十多年历史的明王朝在李自成农民军的猛烈进攻下，已进入了最后的挣扎阶段。这年正月，李自成率农民军主力首先攻下洛阳，而后又大败傅宗龙、汪乔年、丁启睿等率领的明军主力，占领了除开封城外的河南省全境，并南攻湖广，破襄阳和湖北的很多州县。

开封，在明代是河南省的省城，号称"五门六路，八省通衢""势若两京"。洪武十一年（1378年），明开国皇帝朱元璋曾封其第五子朱橚为周王驻守开封。因其地位显赫，据后人考证，其城市建设不亚于北宋开封城。特别是周王府的建设更是碧瓦朱门，金碧辉煌。但因开封濒临黄河，屡为黄河所淹，巍峨高耸的周王府在建成的数年之后即被损毁。历史记载，明代时开封城曾三次被肆虐的黄河所吞没。洪武二十年（1387年），黄河在今原阳县境内决口，水灌开封；天顺五年（1461年），洪水冲决开封黄河大堤，开封城再次被淹；崇祯十五年（1642 年），李自成率农民军第三次围攻开封城，守城的河南巡抚高名衡迫于战事，担心坐以待毙，两次扒决开封黄河大堤，水淹开封，一手制造了一次淹死 30 多万人的历史悲剧。

得中原者，得天下。而开封作为中原历史文化名城，就成为历次战争的首选目标，成为占领中原，夺得天下的标志。李自成征战中原的序幕是在崇祯十四年（1641 年）拉开的。正月，农民军攻占中原重镇洛阳，并很快挥师东进，展开对省城开封的第一次围攻。但因李自成在攻城中左眼被弓箭射伤，农民军于 2 月17 日被迫撤围。一年后，崇祯十五年（1642 年）正月，李自成率农民军再次围攻开封城，并用三个月的时间攻下了河南黄河南岸的大部分县城，扫清了开封外围。5 月初，农民军对开封城开始实施了第三次围攻。

李自成农民军对开封城的这次围攻，与前两次相比在战术上发生了极大的变化。第一、二次围攻，以攻城为主，这一次则采取了"围而不攻，以坐困之"的战术。实质上就是通过围城打援，在消灭明军有生力量的同时，拿下开封城。实施这样的战术目的，就是要尽可能地保护城市建筑物，把开封作为全面反攻明王朝的大后方。自此，为争夺开封城，号称百万的农民军和明王朝的官军展开了长达 100 多天的激烈厮杀。

第三次围城之役一开始，守城官军想乘农民军立足未稳之际发起反攻。可官军的三镇营兵仅在城下短暂地交火，就大败而归。与此同时，李自成为确保战役的胜利，则派出农民军一部进一步扫清开封城周边的明军据点，接连攻克了郑州、荥阳、荥泽等州县。开封连连告急，震惊了明王朝。崇祯帝责令督师丁启睿统帅左良玉、虎大威、杨得政、方国安4镇兵18万人，号称40万，杀奔开封。李自成闻讯后，决定严密封锁援军逼近的消息，除留部分义军继续围城外，亲率主力部队于朱仙镇抢占有利地形，阻击官军。结果，朱仙镇一役，自5月16日开始，至23日结束，经过8天鏖战，消灭官军十多万人，缴获马匹2万多匹，辎重器械无数，取得了围城打援的重大胜利。

不甘心失败的明王朝为挽回开封的颓势，继续调兵遣将。6月18日，明廷将关押狱中的原户部尚书侯恂释放，并委任为兵部侍郎兼右佥御史，总督保定、山东、北京、湖北等地方军务，合力增援开封，企图一举聚歼农民军于开封城下。同时，明廷又下令苏京监督咸宁、甘固官军，王燮监督阳怀、东晋官军，王汉监督"平贼镇"和保督标下的楚、蜀官兵与侯恂共同增援开封。有了这一系列部署，明廷还不放心，崇祯帝又下令追查朱仙镇战役败将丁启睿、杨文岳、杨得政的责任，杀鸡儆猴。但左良玉仍以朱仙镇一役伤亡过重为借口，躲在襄阳不肯出战。山西军也因在今焦作地区受到农民军的沉重打击而溃去。只有山东总兵刘泽清率5000名官军与侯恂汇合，在开封城下与农民军激战三日后溃败而逃。

援军一败再败，给开封城守军带来了巨大的压力。以周王恭枵、巡抚高名衡、推官黄澍等人为首的开封守军打起了黄河的主意。6月，官军扒决开封朱家寨黄河大堤。9月，官军再扒马家口大堤。特别是后一次决堤，恰逢黄河秋汛，洪水大涨，滔滔洪水直灌开封城，除周王恭枵及官吏早有准备，乘船逃出外，全城37万人仅有3万多人幸存。农民军则损失1万多人，在考虑开封已失去了理想的建都之地，难以利用官府库存得到补充给养的情况下，而不得不主动撤围。

客观地看，李自成三围开封城是失败了。然而，纵观李自成农民起义的整个过程，这次战役的实施却是一个大的战略转折。首先，李自成攻城的目的非常明确。就是要占领开封，并在这一历史文化古都建立新的农民政权，进一步巩固和扩大农民军的地位和影响。其次，农民军一改过去打了就跑的"流寇"思想，力争通过"围点打援"更多地消灭官军的有生力量。这也进一步体现了李自成军事指挥的成熟。即能够根据战事的变化，适时改变战略战术方式，以谋求最大的胜利和战果。因此，从战役的最终结果看，赢家应属李自成农民军。

事后整个农民战争的发展也证明了这一点。崇祯十六年（1643年），李自成改襄阳为襄京，称新顺王。当年9月，农民军在河南汝州（今汝州市）歼灭明军主力孙传庭部。而后乘胜追击，破潼关，下西安，迅速占领陕西全境。崇祯十七年（1644年）正月，李自成在西安建国，国号大顺，建元永昌。同年2月，农民军以急风暴雨之势，从陕西经山西直捣北京。3月17日，农民军至北京城下，城外三大营明军不战而降。18日，农民军占领外城，19日晨，崇祯帝在煤山自缢而死。农民军顺利进京，辉煌一时的明王朝灭亡。

第五章

清代——治河的首选

明末河决开封，口门未堵明已灭亡。清顺治元年堵塞决口后，黄河回归故道，由开封经兰考、商丘、虞城，迄曹县、单县、砀山、丰县、沛县、萧县、徐州、灵璧、睢宁、邳州、宿迁、泗阳，东经淮阴与淮河，历经云梯关入海。此后，经康熙、雍正、乾隆三代修治，黄河两岸堤坝渐趋完整，直至1855年铜瓦厢决口，未再发生大的改道。

明、清故道的历史若从杜充决堤算起，至1855年铜瓦厢决口改道，约有700多年的行河期。其行河期尽管不长，但因其与现行黄河下游河道的关系最密切，而最具研究价值和借鉴意义。

先来分析一下明、清故道能够相对稳定的原因。一是与明代前期执行的"北岸筑堤，南岸分流"的治河策略有关。明代前期，从洪武元年（1368年）到弘治十八年（1505年），共经历138年。

在这一时期，为防止黄河北决冲没运河，明朝当局多次在北岸修筑大堤，尽量使黄河南流，接济徐、淮之间的运河，同时在南岸多开支河，以分黄河水势。这样做看似牺牲了局部的利益，但在与漕运有利的同时，也对黄河下游河道的稳定起到了一定的积极作用。首先是在某种程度上避免了黄河下游大的决口改道的发生。其次，是在分流洪水的同时，也分流了泥沙，也就相应地减缓了河道的淤积，延长了河道的寿命。二是与明代中后期及清代重视堤防的作用有关。这一时期，黄河的治理基本上执行的是潘季驯的"以河治河，束水攻沙"方略。实施该方略的主要措施，就是要强化堤防工程。而要巩固堤防，首先要不断完善堤防工程建设体系，更要重视堤防决口的堵塞，同时在某种程度上也就达到了稳定黄河下游河道的目的。了解清代治河历史的人都清楚，这一时期的黄河决口、堵口是相当频繁的。如果决口难以及时堵塞，改道也就很难避免，当然也就谈不上河道的相对稳定。

至于明、清故道短命的原因，主要是未能很好解决黄河的泥沙问题。上中游的水土流失问题不能解决，下游又未能给泥沙提供很好的出路，最后只能是河道淤积越来越重，堤防越加越高，加之统治阶级的腐败和社会的动乱，最终形成黄河大的决口改道。

康熙与"河务"

电视连续剧《康熙王朝》情节跌宕起伏，扣人心弦，引人入胜。细心的观众不会忘记这样一组镜头，说到康熙在执政初期，把"三藩、河务、漕运"（《清史稿·河渠志》）列为三件大事，书写于官中立柱上，用以时时提醒自己，决心以此为突破口，文功武治，实现国富民强，天下太平。

清朝初年，云南"平西王"吴三桂、广东"平南王"尚可喜、福建"靖南王"耿精忠三个割据一方的藩王的祸国乱政自不待言。"河务、漕运"是关于水利的问题。所谓"河务"，即黄河的防洪与治理；"漕运"，即通过京杭大运河进行的南粮北调问题。"三藩"是政治大事。"河务、漕运"作为水利、交通问题，为什么也会成为康熙心目中的大事呢？这与康熙执掌皇权后，黄河的严重灾患给清王朝的社会、政治、经济所带来的严重影响是分不开的。

据历史记载，康熙初年的黄河决溢灾患是康熙帝整个执政期间最为严重的时期。从康熙元年（1662 年）至十六年（1677 年），黄河下游几乎是年年决口，其中最严重的一次洪灾发生在康熙十五年（1676 年）。这年，因黄河中上游暴雨成灾，洪水倒灌洪泽湖，湖堤决口 34 处之多，淮河水冲入运河，运堤溃决近 1000 米。接着，黄河大堤又溃决数十处，河南、安徽等地一片汪洋。黄河下游极为严重的决溢灾害，不仅给两岸人民带来了沉重的灾难，而且切断了维系清王朝命脉的京杭大运河。正是在这一严峻的形势下，康熙才痛下决心，在对"三藩"实施军事打击的同时，命安徽巡抚靳辅为河督，每年拨银 300 万两，对黄河下游进行大规模的整治。靳辅不负众望，5 年之后终于堵塞了所有决口，加固了河、运堤防，使大河归故，并取得了十数年无重大决口的重大成果。

首战告捷，更加引发了康熙对黄河的关注和重视。他对"河务"问题的兴趣也愈加浓厚。为掌握治河的第一手材料，他曾多次实地考察黄河。黄河中下游的孟津、徐州、宿迁、邳州、桃源和清口都留下了他的足迹。为摸清黄河中上游的实际情况，康熙还亲赴山西、陕西、内蒙古、宁夏等地考察。他曾从横城堡（今宁夏银川市东南）乘船沿河而下，历时22天，航程数千里。蒋良骐的《东华录》一书中写道"所至之处，无不详视"。他派人探寻黄河源头，提出了上下游兼顾的治理方略。其六次南巡的经历，更是次次离不开考察河、运工程。如康熙三十八年（1699年），康熙南巡，行至清口、高家堰后，对随行大臣说："洪泽湖水低，黄河水高，以致河水逆流入湖，湖水无以出，泛溢于兴化、盐城等七州县。"指出治河应以深浚河身为要。

康熙作为杰出的封建帝王，对"河务"问题的关注、重视，还体现在他对河工技术的精深研究上。他重视科学技术，精于水工测量。康熙三十八年（1699年），康熙巡行到苏北高邮，曾亲自测量出运河水比高邮湖高"4尺8寸"。行至扬州，他又亲自司仪，测量出宝应清水潭运河水位高出运西诸湖水位"1尺3寸9分"。地形、水位高下的测定，是水利工程建设的重要技术参数，事关工程建设的质量和成败，康熙于此如此精通，足见他对"河务"问题用心良苦。

至于康熙对河官的任用，其重视程度更不用说。他认为治水"务在得人"。如在陈潢的任用上，康熙南巡时了解到靳辅治河成效与陈潢的大力襄助有关，并被靳辅当面举荐后，直接赐陈潢参赞河务、按察司佥事的头衔。为确保防汛万无一失，康熙要求河官必须亲临现场指挥，指示河道总督在汛期要亲赴重要工区，并选派得力官员分守重要险段。在工程建设上，康熙更是亲临一线，耳提面命，强调要抓要害、抓关键。康熙三十九年（1700年），张鹏翮总理河道，康熙告诫他清口一带"黄河何以使之深，清水何以使之出"是治河的关键。在张鹏翮完成这次治河工程后，康熙又赐名主要工程，以示褒奖。另外，就是奖惩分明。一次巡查堤防工程时，他看到一处堤防修筑质量特别好，便把自己的一支令箭交给施工官员，让其向河道总督汇报修筑方法，并指示总督于成龙说："此等官员不奖励，何以服众？"对工作好的官员重赏，而对那些欺上瞒下、治河失职的官员则毫不心慈手软，予以严惩。康熙在一次实地视察河工时发现实际施工与所呈图样不符，不仅存在有多占民田，毁坏民坟的问题，而且技术上也不可行。他当即指示要更改施工方案，并下令对渎职官员分别给予革职或降职处分。

纵观整个清代，康熙时期黄河的洪灾是相对较轻的，这不能不说是康熙对"河务"问题的重视和具体指导的结果。

黄金搭档

靳辅（1633～1692年），字紫垣，祖籍辽阳（今属辽宁）。陈潢，字天一，号省斋，浙江钱塘人。两人均是清代著名的治河人物。靳辅和陈潢一起治理黄河和运河数年，一度取得了黄河10多年没有重大决口的突出效果。这也是清代近300年历史上治河最好的时期。

在康熙执政的初期，黄河不断决溢为患。特别是康熙十五年

（1676 年），黄河、淮河并涨，洪水倒灌洪泽湖，仅高家堰决口就达 34 处。黄、淮两岸不仅大面积受灾，而且河道、运道也遭受到了极为严重的破坏。京杭大运河是清王朝的经济命脉所在，尽管当时清廷正在讨伐以吴三桂为首的三藩割据势力，康熙仍毅然下定了决心要治理黄河，恢复漕运。康熙十六年（1677 年），朝廷调安徽巡抚靳辅为河道总督，每年拨银 300 万两，开始了一场大规模的治河活动。陈潢作为靳辅治河时的重要幕僚，在这次治河活动中也发挥了极其重要的作用。

首先，是查清原因，理清思路，制定治河规划。靳辅是位重视实践、办事认真的实干家。陈潢亦对黄河的问题有很深的研究。为了充分了解黄河和淮河的河情、河势以及堤防情况和水患原因，他们做了大量的调查研究工作。一方面，通过对历史资料的学习和对已有经验的研究、分析，不仅从理论上基本弄清了黄河决口为害的原因，而且对河道和运道之间的关系也有了更深刻的认识，在其所著《清经世文编》一书中明确"治运必先治河"。另一方面，对黄河、淮河、运河进行实地查勘，认真调查。在此基础上，靳辅提出了治河应从全局着眼，将河道、运道视为整体而加以彻底整治的治河主张。并连续向康熙皇帝上呈 8 份奏折，系统地提出了治理黄河、淮河、运河的全面规划和具体措施。

其次，是分步实施，全面整治。第一步，疏浚河道，导河入海。由于黄河、淮河两岸的决口太多，淮阴至海口的河道淤积十分严重。据考察，原有数里宽、十多米深的河道，因泥沙淤积和决口分水，当时仅剩几百米宽和几米深的河道。因此，要恢复故道的排洪能力,并为下一步堵塞决口提供方便,就必须设法疏浚。为此,他们采取"疏浚筑堤"并举的办法,对清江浦以下至海口的150多千米河道组织实施了大规模的疏浚工程。在疏浚中,他们还创造性地提出了开挖"川字河"的施工方式。即在河中央旧河道的左右两旁各开挖一条新的引河,三条平行。而所挖引河之土,则直接用以修筑两岸堤防,从而达到"寓浚于筑"的目的。当水归正河后,在"川"字形三条河道之间的两道沙滩,一经河水由上而下左右夹攻,随水顺流刷去,使河道合而为一,并迅速刷宽冲深,开通入海之路。为利用淮河"以清刷黄",他们又在淮河出湖口开掘五道引河,然后再汇于一流,由清口入黄河,使黄河、淮河并流入海。这些措施的实施,使故道的排洪能力大大提高,也同时为下一步的口门堵复奠定了良好的基础。

第二步,堵塞决口,恢复故道。疏浚工程完成后,靳辅、陈潢即把工作重点转移到堵塞黄河两岸大堤和高家堰的决口上。据记载,当时黄河两岸决口有21处,高家堰决口34处。而且,口门有大小,位置有上下,堵塞有难易,情况各不相同。为确保堵口的全面成功,他们确定了先小后大(按口门大小),先难后易(按口门位置)的原则,并重视对堵口工程施工方式的研究。如他们提出:当上流口门大,下流口门小时,应先堵下流口门,后堵上流口门;当下流口门大,上流口门小时,则先堵上流口门,后堵下流口门。最后,全力以赴,堵塞最大的口门。对于堵口工程的具体施工步骤,则审时度势,做好引河、拦水坝、越堤等工程项目的设置和施工。康熙二十二年(1683年)四月,随着萧家渡最大决口的合龙闭气，50 余处口门全被堵塞，从而使泛滥多年的大河终归正流。相关著述在靳辅所著的《清经世文编》一书中有着明确的记载。康熙二十三年（1684 年），康熙南巡时在山东召见了靳辅，对靳辅、陈潢治河取得的成就非常满意，赐以亲手所书的《阅河堤诗》。同时，要求靳辅将治河经验编纂成书，以便后人借鉴，还亲自定名为《治河书》。

第三步，巩固堤防，修守并重。靳辅、陈潢基本上继承了潘季驯的"束水攻沙"治河思想，十分重视堤防的作用。先后在黄河、淮河、运河两岸整修大堤 500 多千米；对防止洪泽湖东决的主要屏障高家堰，也进行了大规模的培修加固；并创筑了从云梯关外到海口的束水大堤近 50 千米。另外，为减轻堤防压力，做到有计划地分洪，他们在狭窄的河段内，还沿用潘季驯修建减水坝的方法，因地制宜地增修了许多减水闸坝。同时，靳辅对险工的修守也高度重视。他认为：黄河防洪保安的关键，就是对险工的防守。对此，靳辅曾有形象的比喻。他说：埽的作用好比巩固城防的城墙，而坝的作用就是要御敌于郊外。至于引河，就好比远道而来援师，要在城外安营扎寨与敌作战。为防守险工，他不仅做了大量的调查研究，还在实践中总结出了不少好的守险方法。再就是重视对黄河入海口的疏浚，曾在入海口的百余里河道上分地段设专人长期从事河道疏浚工作。经过十多年的大力整治，到康熙二十七年（1688 年）靳辅去职时，黄河、淮河已达到全面修复，运河漕运也畅通无阻，黄河灾害亦大为减轻，并出现了清初以来少见的良好局面。

然而，就在黄河、淮河、运河的治理初见成效之时，在治理下河的问题上也和康熙本人以及直隶总督于成龙发生了矛盾。加之在屯田问题上处理不当，最终导致靳辅的革职罢官和陈潢的屈死狱中。

下河地区位于江淮之间运河段以东，由于地势低洼，积水入海不畅，加之运河减水坝汛期放水的影响，灾害严重。康熙二十三年（1684 年），康熙南巡时曾在此目睹了积水泛滥的情形，并下决心要加以治理。但因靳辅、陈潢正忙于其他工程，下河治理交由于成龙负责，受靳辅节制。按康熙的意见，只要将下河地区的原有入海故道加以疏通即可根治。然而，靳辅、陈潢在这个问题上并未盲从。他们调查后认为，下河地区濒临大海，疏浚海口不仅难以解除灾害，反而会使海潮内侵，进一步加重灾患。建议应当沿海筑堤阻挡潮水，并在运河东堤以东再筑大堤一道，将运河在汛期通过减水坝排泄的水直接排入黄河，以减少下河地区的积水，达到消除灾患的目的，但这一方案始终未得到朝廷的同意。

屯田问题发生在靳辅、陈潢治河取得成效后。这时，原来受淹的大片土地因堵塞了决口，归顺了流路，重新恢复了生机。为补充河工经费的不足，靳辅、陈潢商议只按原来照章纳赋的田亩数交还原主，其余农田划为屯田，收入用于河工。但遭到豪强大户们的强烈反对，于成龙借机联合其他大臣攻击靳辅。康熙二十七年，靳辅被朝廷革职，陈潢则更加不幸，削职后被捕，最后冤死狱中。

靳辅、陈潢治河历经十年有余，在他们去职时，黄河、淮河、运河得到了全面治理，漕运畅通，多年的洪涝灾害亦大为减轻，出现了清初以来少见的良好局面。陈潢作为靳辅的得力助手和主要的工程技术专家，靳辅甚为尊重，平时不仅以礼相待，而且治河之事亦多向陈潢垂询求教。陈潢含冤去世后，靳辅曾极力上奏要求为其平反昭雪。康熙二十八年（1689 年），在康熙的直接过问下，靳辅、陈潢的冤案得以平反，靳辅复职。

陈潢的著述颇丰，其主要著作被收载在靳辅所著《治河方略》一书中的《河防摘要》和《河防述言》等篇章之中。

父子河官

嵇曾筠，字松友，江南长洲（今江苏苏州）人，曾任河南山东河道总督、江南河道总督等职，雍正年间著名治河人物。《清史稿》中称赞他知人善任，恭慎廉明，治河成绩显著。特别是他在治河中重视运用开挖引河的方法，不仅使堤防险情化险为夷，而且还节省了大量的治河投资。

雍正元年（1723 年）6 月，据黎世序在《行水金鉴·续行水金鉴》一书中记录黄河首先在中牟十里店、娄家庄决口，后又在黄河、沁河交汇处的姚期营、秦厂一带座湾顶冲，于詹店、马营等处决口（在今河南武陟县境内）。雍正二年（1724 年），嵇曾筠受命堵复。他现场查勘后认为，詹店、马营等处决口是上游河势变化造成的，要行堵复，就必须在改善上游河势上做文章。否则，不仅费工费时，还难以成功。后经调查，果如其言。原来，黄河在上游孟县（今孟州市）、温县境内形成了较大的河心滩，致使大溜被逼至南岸仓头口广武山根，以致山体淘刷，崖岸坍塌。至官庄峪，大溜受山嘴挑流的作用，直下东北，在姚期营、秦厂一带顶冲河堤，并导致了詹店、马营等处决口。于是，嵇曾筠提出在伸入河心的横滩上开挖引河，因势利导，导引大河由西北改向东南，再在秦厂一带新修挑水坝数道，挑溜外移。这些工程实施后，完全像他预料的那样，很快改变了秦厂上下的不利河势，排除了险情，顺利地完成了口门堵复工程。

雍正六年（1728 年），黄河在仪封（今兰考县）青龙岗因大溜顶冲，发生重大险情。受河势变化影响，上湾淘刷严重，并与同岸下湾湾顶相对。嵇曾筠在实地查看后，决定在两湾间的滩地上开挖引河，使大溜趋直，旧河湾淤成平地，缓解了险情。另外，在仪封的耿家寨、封丘的荆隆宫等座湾生险处，嵇曾筠也采用了同样的"引河杀险"之法，化险为夷，并大大节省了抢险费用。

在长达十余年的治河生涯中，嵇曾筠不仅善于运用开挖引河的办法治理河患，还总结出了一整套裁湾引河的理论。著有《河防奏议》《师善堂集》等。

通过长期的观察和研究，嵇曾筠总结出了夏走滩，冬行湾；水缓沙淤，滩形渐长；水趋北则滩在南，趋南则滩在北等众多河势变化特点。他认为，开挖引河是遵循河势变化而实施的因势利导之法，也是以水治水的治河良策。指出运用这种方法除险，见效快，工费省，而且可以一劳永逸。同时，他也明确提出，在具体实施时，要详加考察，慎重施治。如在洪量大、来势迅猛的情况下，就不宜采用开引河的办法来除险。引河也应尽量开挖在老滩上，不至于水大漫溢等。强调如果能够正确区别地形高下，把握河势趋向及大溜走势，因势利导，断然行之，就能取得事半功倍的治理效果。

另外，嵇曾筠在治河期间还非常善于建坝挑溜，能够根据河势的缓急，河道的深浅等具体情况，确定坝基的长宽尺度，正确地判断出是修顺水坝，还是建挑水坝，有"嵇坝"的美誉。由他总结得出的多种建坝挑溜方式，对后人治河有很强的指导意义。如在河势扫湾处，他提出应建矶嘴厚坝（即大型人字坝）作为藏头，并于坝下接修挑水坝，以接力外挑。当河势扫湾不能舒展，产生回溜淘刷时，则应修筑扇面坝，以顺溜外移。如果河势座湾严重，难以修坝挑溜外移，就应在对岸滩嘴开挖引河，实现裁湾取直，分水杀险的目的。

堤防，是黄河防洪的基础。嵇曾筠在重视研究解决工程险情的同时，对黄河下游两岸堤防建设高度重视。康基田在《河渠纪闻》一书中记述他在河南任职期间，曾组织培修两岸大堤数千米，仅雍正二年（1724年）就加固堤防70多千米，使河南两岸大堤气若长虹，固若金汤。在任江南河道总督期间，他在下功夫整顿河务的同时，加强工程建设，修筑黄河、运河堤防近百千米。在重视堤防建设的同时，嵇曾筠还十分重视人防的作用。他认为河工的关键在于坚筑堤防，尤其重要的是要有专人修守。有堤而无人，等于无堤。有人而不能对堤防尽修守之力，与没有人没什么两样！

嵇曾筠的儿子嵇璜，乾隆年间曾出任河南山东河道总督，是历史上少见的父子河官。乾隆十八年（1753年）他受命治河时，曾仿照明代刘天和制造平底方船，用铁耙对徐州至清口间的 250 千米河道进行清淤；整修高家堰，并将砖工改为石工；修复了江南境内一大批减水闸等。乾隆二十二年（1757 年）在任副江南河道总督时，因治河成效明显，曾受到了乾隆帝的夸奖，说他能够因势利导治理河患，使河道由弯变直，由浅变深，河流顺畅。乾隆三十二年（1767 年），他任河南山东河道总督时，巡河过程中，闻讯虞城堤段发生险情，连夜奔赴现场组织抢护。拂晓赶到时，正值风雨交加，埽工岌岌可危。随从人员见此情形，力劝嵇璜暂时后退，他却岿然立于堤上，大声说：“埽去我与俱去。”（《清史稿·河渠志》）在他的感召下，员工精神振奋，拼力抢护，最终使大堤转危为安。

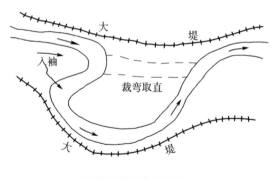

河道裁弯取直示意图

郭大昌传奇

翻阅治河史料，以平民身份载入史册的人物可谓寥若晨星，郭大昌（1742～1815 年，字禹修，清代江苏山阳，今江苏淮安人）就是一位。他虽无一官半职，却因其在治河上的传奇经历，而在沿河百姓的心目中享有崇高威望。

乾隆三十九年（1774年）八月，黄河在清江浦老坝口（今淮阴市东北2.5千米）决口，一夜之间大堤被冲开400多米，口门水深达10多米，滔滔洪水全部泄入运河，连水闸管理署衙也被冲毁。淮安、宝应、高邮、扬州等四城居民纷纷爬屋上树，躲避洪水。就在如此危急关头，朝廷突然要委派钦差大臣前来视察，这对河防官员来说尤为雪上加霜。当时的江南河道总督吴嗣爵恐惧朝廷的责罚，在十分无奈的情况下，不得不亲自去请他曾多次排斥过的郭大昌前来主持堵口。包世臣所著《中衢一勺·郭君传》一书中记载条件是堵口费用不超过50万两，工期在50天以内。郭大昌则说，要是这样，还是你自己想办法吧，我不能接受！吴嗣爵申辩道，虽然工程很大，但50万工费也不算少了，50天的时间也不算太快，再晚恐怕我也吃罪不起。对堵口工程早已成竹在胸的郭大昌这才说，如果一定要我干，工期不超过20天，费用不超过10万两。只需要派文武官员各一人在工地维持秩序，其他任何官员不许到场。料物和工款，也只能由我单独来支配。吴嗣爵担心堵口不成，皇帝发怒，不得不一一答应。在郭大昌的精心组织下，如期堵塞了决口。

嘉庆元年（1796年），黄河在今江苏丰县决口，河防主管官员在制定的堵口计划中拟要款120万两。这样狮子大张口就连当时的河道总督也感到要钱太多，担心朝廷不答应想减少一半，便和郭大昌商量。郭听了以后直截了当地认为再减一半也足够用了。总督十分难堪。郭大昌又表示拿15万两办堵口工程，15万两送给官员装腰包，还嫌少吗？

"黄河决口，金银万斗；河官发财，民难糊口。"这首歌谣曾在清代广为流传。意思是说黄河决口一次，河官就要向皇上要万斗金银，一小部分用在堵口上，大部分则装进了个人腰包。朝廷拨下的万斗金银从哪里来的呢？当然是从民众身上搜刮的。黄河两岸人民在深受洪水之害的同时，还要受河官的剥削和勒索，人们恨透了贪婪的河官。因此，郭大昌同贪官作斗争的故事就传颂于民间，赢得了人们的普遍赞扬。当然，刚直不阿，做事认真，不愿趋炎附势的郭大昌，也就遭到了河官们的屡次排斥和打击，始终难以得到重用。

郭大昌不仅熟悉河工和堵口工程技术，而且对下游河道整治也颇有研究和建树。嘉庆十二年（1807年）前后，苏北一带黄河几乎年年决口，其时的治河官员想将黄河改道入海，并提出了初步的方案。而要按这个计划实施，江苏淮安等地将遭受灭顶之灾。郭大昌这时已是60多岁的人，他虽多次受到河官的排挤，但仍念念不忘黄河的治理。清代学者、文学家、书法家、书学理论家、政治理论家包世臣是郭大昌的好友，对河工亦有很深的研究。为拿出一个更加符合实际的安河之策，嘉庆十三年（1808年）郭大昌和包世臣一起用两个月的时间对河南、江苏的黄河河道进行了实地考察，并在此基础上就当时的黄河、淮河、运河的河势、河情做了认真的分析和研究，查出了黄河多年为害的原因，得出了黄河入海口并未抬高，不需要改道的结论。同时，他们还有针对性地提出了工程施治对策。此方案上报朝廷后，得到了嘉庆帝的批准。但尚未开工，却因大河在该地段北岸马港口决口，暗合了河官改河的心愿而被迫终止。

在此后的三年中，马港口决口虽然使大河流向发生了改变，但因植被和土质的原因，并未能冲出顺利入海的河槽。一到汛期，暴虐的洪水汪洋恣肆，严重泛滥。安东（今涟水）一带的灾民苦不堪言，纷纷上诉，极力要求朝廷堵塞决口。在这种情况下，皇帝委派尚书马慧裕处理此事。马尚书到位后未经调查，就听信了当地河官的一面之词，也不同意堵塞马港口决口。安东的群众在没办法的情况下求救于郭大昌。郭大昌向大家出主意，让他们准备小船1000余只，请求尚书坐船到口门以下实地查看。马慧裕乘船察看后，果然发现马港口决口并未达到预期改河的作用，大为震怒，当即奏请朝廷要堵塞马港口决口。此后，郭大昌又根据变化后的河情，在包世臣的帮助下，积极向新任治河官员和朝廷提议采取以水治水的方式，在运河入黄河口及其以下筑坝修堤进行综合整治，最终使大河回归故道，顺利入海。

郭大昌关心全局，能够从实际出发大胆建议，一度使黄河、淮河并力入海，缓和了黄河的紧张局势，改善了运河航运，不愧是一位治河的名家。清代有人曾把他与明代著名治河专家潘季驯和清朝治河名人陈潢并驾齐驱来看待。这一评价未免偏高，却也有他一定的道理。

据历史记载，郭大昌的岳父王全一也是一位老河工，而且精通工程抢险。他认为，黄河大溜来稳去猛，表明河水对堤坝淘蚀严重，工程处于危险状态，要时刻关注；如果大溜来势很猛，去势很稳,则表明坝埽根部已经落淤,不值得大惊小怪。若这时进行抢护,反而于工程不利。还有他能够根据河势变化,做坝挑溜,缓流落淤,以满足堵口工程的需要等。后人分析认为,《安澜纪要》和《回澜纪要》的真正作者就是王全一。而郭大昌能够在治河上取得不小的成绩,与其岳父王全一的关心、帮助也是分不开的。

另外,郭大昌的好友包世臣对他的支持、帮助也很大。郭大昌识字不多,不会写作,所以没有自己的著作流传后世,他的许多治河意见和建议都是由包世臣奏请给朝廷,并被采纳的。有关郭大昌的治河经历,包世臣在其所著《中衢一勺·郭君传》中做了较为具体的记述。

治河之要务

清代治河,十分推崇潘季驯"筑堤束水,以水攻沙"的治河方策,强调治河以堤防为先。如靳辅在《治河方略》一书中说"堤防者治河之要务",张霭生所著《河防述言》中也记录了陈潢的记述"治河者必以堤防为先务也",都把黄河大堤作为防洪的主要工程措施。

主观上看,一是维护京杭大运河漕运的需要。黄河一旦改道必将打乱明以来建立的河、漕水运系统,这是当权者最不愿看到的现象。二是潘季驯治河的持续影响。目标一致,措施与手段就有相近之处,加之生产力水平限制,治河、治运也就不可能有太大突破。

客观上看,至明末黄河下游河道已基本稳定,堤防等工程措施相对完备，影响漕运的主要因素为堤防决口，治河主要是保堤。这从清代治河的投资重点及一系列重大工程措施中不难看出。

在投资方面，清代的治河经费包括岁修经费和专项经费。岁修经费主要用于人工、工程养护和抢险等。雍正时期，仅江南河道岁修费用就达六七十万两。乾隆时期，尽管有定额限制，实际年年超支，如乾隆十一年（1746 年）江南河道岁修增拨银达 30 万两，每年逾百万余两。嘉庆以后，因物价上涨，河工料物加价成风，江南河道的岁修费接近 150 万两。道光至咸丰初年，江南、河东两河道岁修经费维持在 170 ~ 180 万两。专项经费涉及修筑堤防、堵塞决口、疏浚河道等大型工程建设，是每年河工经费中的大项，特别是堵口工程花费最大。下面重点介绍堤防工程建设情况：康熙时期的堤防建设是在康熙十六年（1677 年）至二十一年（1682 年）靳辅主政河道总督时完成的，"修两河堤工竣，费银二百五十万两"[1]。雍正元年（1723 年），治河功绩与靳辅有一比的齐苏勒出任河道总督后，对两河工程进行了充分调查研究，谨守靳辅成法，"疏浚修筑"并举，除会同副总河嵇曾筠大修了河南黄河两岸堤防外，在江南兴修了许多工程。"黄河自砀山至海口，运河自邳州至江口，纵横绵亘三千余里，两岸堤防崇广若一，河工益完整。"（《清史稿·齐苏勒传》）此后，嵇曾筠相继任河南山东河道总督和江南河道总督，并对下游两岸堤防开展了大规模整修。高斌和白锺山是乾隆时期的重要治河人物，遵循靳辅、齐苏勒、嵇曾筠等人的遗规，注意整修堤防埽坝，及时堵塞决口，

---

[1] 姚汉源：《中国水利史纲要》，北京：水利电力出版社，1987 年，第 465 页。

使黄河在乾隆前期没有发生太大的灾害[①]。经过康熙、雍正、乾隆三代的不断修治，黄河下游堤防日趋完整，虽然两岸仍不断决口，但都进行了堵塞，直到咸丰五年以前，未再发生过大的改道。

实践是推进技术进步的直接动力。清代对于堤线选定、取土地点、质量要求、施工时间、运土工具和单价等内容在徐端《安澜纪要》一书中均作了明确规定。如在堤防建设上，探索总结出了"五宜二忌"的规划、施工、验收要求。所谓"五宜"：一是"勘估宜审势"。堤防应建在高处，不与水争地；不可太直，以防顺堤走溜、行洪，方便抢护，随时顺弯筑坝，挑溜外移。二是"取土宜远"。要在距离堤脚稍远的滩地上取土，既方便施工、减少费用，又不毁坏农田，挖了又淤，取之不尽。三是"坯头宜薄"。四是"硪工宜密"，确保土层密实。五是"验收宜严"，保证工程质量。"二忌"，即忌隆冬和盛夏施工，避免影响工程质量和取土困难。乾隆二十七年（1762年），河南阳武一带堤防因风雨剥蚀，遭到严重破坏。河督张师载采用包淤的方式进行处理，并得到推广，进一步形成在多沙堤段为堤身三面包淤，对保护堤防起到了良好的效果。针对险工堤段临背河高差悬殊的特点，采取放淤固堤措施予以强化。康基田在《河渠纪闻》一书中认为先在大堤背河修越堤或加帮戗堤，然后在堤外滩面上挑挖倒沟，"遇大水溢涌，缕堤著重时，开倒沟放水入越堤，灌满堤内，回流漾出，顶溜开行，塘内渐次填淤平满。"即利用洪水多沙的时机，引水落淤。这种

---

① 水利部黄河水利委员会《黄河水利史述要》编写组：《黄河水利史述要》，北京：水利电力出版社，1984年，第309页。

放淤的办法，不但加宽了堤身，降低了临背悬差，提高堤防抗御洪水的能力，还有效利用了黄河泥沙，可谓一举多得。

埽坝作为堤防工程的重要组成部分，也有了明显进步。徐端在《安澜纪要》一书中描述埽工，在明末清初尽管仍采用卷埽的办法，但已与宋代有所不同。到了乾隆年间，又改进为捆厢埽，方便了抢险和堵口截流。在埽工的修筑方法上，根据埽的形状和作用，分为磨盘埽、月牙埽、鱼鳞埽、燕翅埽、扇面埽、耳子埽、等埽、萝卜埽、接口埽、门帘埽等。

埽工的优点是便于就地取材，缺点是不耐腐蚀，每年都需更新，费用很大。另外，还极易造成重大险情。一段险工往往连续厢埽十数段或数十段，加之埽工坡度陡立，一旦大溜淘刷，埽工同时蛰陷，险情随之发生。针对这一问题，乾隆后期已开始在埽前散抛碎石护根，并逐步得到推广。黎世序在《续行水金鉴》一书中记述，道光元年（1821 年）河督黎世序曾总结道："自间段抛护碎石，上下数段，均倚以为固，且埽段陡立，易致激水之怒，是以埽前往往刷深至四、五丈，并有至六、七丈者，而碎石则铺有二收坦坡（即一比二坦坡），水与坦坡即不能刷。且碎石坦坡，黄水泥浆灌入，凝结坚实愈资巩固。"道光十五年（1835 年）河东河道总督栗毓美在河南原阳抢险时，因工地无料，临时收买民砖抛护坝埽，化险为夷。因此，他提出"乘农隙设窑烧造大砖"，发展砖工。

丁恺曾在《治河要语》一书中详细描述在险工坝垛的建设，根据其兴建的方法和形状，划分为挑水坝、鸡嘴坝、扇面坝、鱼鳞坝、拦河坝、减水坝、滚水坝、束水坝等，其中挑水坝用以挑溜外移，顺导河势；拦河坝用以堵塞岐流，塞支强干。减水坝则用以分水减洪。坝工的做法，多以土为坝心，周边用埽段或石、砖维护。减水坝和滚水坝以石工修筑，以防冲刷。

堤防管理进一步强化。清朝设江南河道和河南山东河道总理黄河、运河事务，沿河各省一般设有管河道，分管河务事宜。沿河两岸按所辖地界分设管河同知、通判县丞、主簿等职务，分段管理河务。另设河营，为武职。靳辅治河时，在江南设河营 8 个，分地驻守。河营设守备和千总、把总等，每营有河兵数百至千余人，负责修防工作。另外，还规定每 1000 米设 1 堡房，每堡设堡夫 2 名，常驻于此，负责管辖堤段的巡查和防守。这样就形成了上下呼应、互为声援的防汛管理机制。在堤防养护方面，除注意"四防二守"外，对消除堤身隐患，也制定了具体措施，名为签堤，与当今的锥探大堤颇为相似。

逢口必堵

研究黄河堵口的历史，清代的河工堵口是值得一提的。出于"保漕"的需要，及沿用潘季驯"筑堤束水，以水攻沙"的治黄方略，清代治河不仅非常重视堤防建设，而且高度重视决口的堵塞，几乎是"逢口必堵"。以至于在乾隆以后相当长的时期内，到了"河官"们"为堵口抢险而疲于奔命"的地步。嘉庆十八年（1813 年），因睢州、桃源接连决口，河督黎世序甚至一度畏罪投河自尽，说明当时河道败坏，治河无术，河督已陷于一筹莫展的境地。

总结清代的河工堵口，有以下几大特点：

一是规模大。如在康熙执政的初期，黄河决溢为患十分严重。康熙十五年（1676年），由于黄、淮并涨，致使黄河两岸发生了大量的决口，仅高家堰决口就有34处。为解决漕运不通这一心腹之患，尽管清廷当时正在讨伐以吴三桂为首的三藩割据势力，军用浩繁，康熙仍毅然下决心治理黄河。于康熙十六年（1677年）调安徽巡抚靳辅为河道总督，开始了一场较大规模的治河活动。五年后，在靳辅、陈潢的大力整治下，终于将黄河两岸的21处决口和高家堰的34处决口全部堵塞，使大河回归故道，并一度取得了十数年没有重大决口的安稳局面。

二是工程复杂。就古代治河工程来说，堵口本是一项技术复杂、风险极高的事项。即使在现代技术条件下，要行堵口也不是一件轻而易举的事。而要在决口多处，且流行多时的情况下再行堵复，更是困难重重，极其艰巨。这种情况在清代可谓屡见不鲜，靳辅、陈潢的堵口治河活动是乾隆年间阿桂主持的一次堵口工程。乾隆四十六年（1781年）7月，黄河两岸相继决口20余处。北岸水势由青龙岗夺溜北注，经南阳、昭阳、微山等湖入大清河。朝廷委派大学士阿桂主持堵塞，曾两次堵合，但均告失败。此后，通过实施增筑南堤、加开引河等一系列工程，至乾隆四十八年（1783年）才将所有决口堵复（《清史稿·河渠志》）。

三是费用浩繁。这是由堵口工程规模大、技术复杂所决定的。但也不排除其他人为的因素。嘉庆十三至十四年间（1808～1809年），南河修堤堵口等花费不下4000多万两，其中开浚海口一项即费银 800 万两。对此，王先谦在《东华续录》一书中写道嘉庆曾下谕说："河工连年妄用帑银三千余万两，谓无弊窦，其谁信之？"连最高当权者的封建帝王，对如此之高的治河费用也持怀疑态度。另据记载，嘉庆二十四年（1819 年）在武陟马营的一次堵口中耗银达 1200 万两，用秸料更是多达 2 万余垛。河工一个料垛按当时计一般为 0.5 万千克，合计 1 亿多千克。一次堵口竟用这么多的料物，真是骇人听闻。

清代治河，重在堵口，究其原因主要有两方面：首先是治河以"保漕"为最高目标。如在顺治年间，由于黄河屡堵屡决，阻滞运道，当时不少朝臣连上奏章建议改道，让黄河走所谓的"禹王故道"。而河道总督杨方兴认为："元、明以迄我朝，东南漕运，由清口至董口（在今江苏宿迁境）二百余里，必借黄为传输，是治河即所以治漕，可南不可以北。若顺水北行，无论漕运不通，转恐决出之水东西奔荡，不可收拾"（《清史稿·河渠志》）。反对这一建议，下决心堵塞决口，并得到了当权者的赞同。

其次，也是沿用潘季驯"筑堤束水，以水攻沙"治河思想的结果。纵观清代治河，可以说是潘氏这一治河思想的延续和发展。如在清代治河中发挥过重要作用、有着突出地位和影响的著名治河专家靳辅、陈潢，他们不仅十分崇拜潘季驯的治河思想，而且在实践中还有所创新和发展。在他们主持治河的十余年中，不仅堵塞了大量决口，还整修、加固了黄、淮、运两岸的千里长堤。

清代治河，重视堵口，其作用和影响也是显著的。

一是减少了黄河下游发生改道的几率。这从下面一组数据中不难发现。据《人民黄河》统计，明代（1368～1644年）的276年中，黄河决口改道达456次，其中大改道7次；而清初到鸦片战争（1644～1840年）的196年中，决口361次，未发生一次大的改道。只是到了清末，黄河才发生了铜瓦厢改道。清代黄河，已处于"明清故道"的行河晚期，河床淤积加重，决口增多，在封建社会那样低的生产、技术条件下是难免的。然而，改道却相对减少，与其重视堤防堵口不能说不无关系。

二是促进了黄河防洪技术的发展。鉴于决口对漕运的严重影响和堵口的不易，清代的防洪技术有了明显的进步和发展。在清代，除对黄河的水文、水情有了进一步的认识外，在堤防、险工的整治、加固、管理以及汛期的防汛抢险等多方面也都有了明显的提高，如抢险堵漏。汛期洪水时，由于堤身有隐患，常常发生漏洞险情，若抢护不及，稍有疏忽，极易造成大堤溃决。清代不仅已能够采取具体的技术措施进行有效的处理和预防，而且还能针对漏洞险情发生的不同情况进行及时的抢护，以避免溃决。清人所提出的漏洞探摸技术及外堵、内堵的方法，时至今日仍非常值得借鉴。

当然，也应看到清代堵口的一些负面影响，不能过高地估计其作用。由于堵口工程花费巨大，也为河政腐败滋生了土壤，成了河官们发财致富的好机会。萧一山在《清代通史》一书中写道"黄河决口，黄金万斗"就是当时流行的一句民谚。另外，因决口频繁，又难以及时堵塞，对下游两岸人民来说，决口所带来的历史性灾难并未有所减轻。

改道为上

纵观治河史上人工改道方略的提出和发展有两个重要的时期，即西汉末期和清代。如在西汉末期，由于"西汉故道"已进入行河的晚期，河道淤积严重，决溢灾患不断，为解除和减轻水患，孙禁、贾让、王横等人多次提出人工改道的建议。特别是"贾让三策"，把人工改道列为上策，视为最理想的治河方式，并长期影响着后人。

清代，同样源于严重的河患，不少人建议采用人工改道的方式来治理黄河。清初胡渭是这一时期提出黄河改道的第一人。他在《论河》一文中在充分肯定禹河的功绩和"信四渎乃天定"的思想同时，认为在恢复禹河实不可能的情况下，主张在今封丘的荆隆宫决口，使黄河改道北行夺大清河入海。孙星衍在其《禹厮二渠者》中，考证大清河是"禹厮二渠"之迹，因袭崇古，说明应当改道。并以"河名大清，百川之所朝宗"的祥瑞预兆，来迎合统治集团的迷信思想，以打动清统治者改道大清河。

清中叶以后，黄河形势日渐恶化，加之海运已通，运河任务减轻，提议改道的人也越来越多。如冯祚泰、陈法、孙嘉淦、嵇璜、魏源等人曾多次上书，建议黄河改道。乾隆初年，致力于黄河问题研究的冯祚泰，结合对历史上黄河下游河道变化的分析对比，主张黄河应改道大清河入渤海，并且在《治河前策》一书中说："此功一立，远者千余年，近亦数百载也。"康基田在《河渠纪闻》一书中写道乾隆四十八年（1783 年）鉴于黄河在兰考青龙冈漫决东下的实际情况，大学士嵇璜上书建议应因势利导，按东汉王景所治，改道千乘入海。到了咸丰二年（1852 年），也就是铜瓦厢决口前三年，魏源在其《筹河篇》中仍疾呼改道。他在分析了当时的河道形势及下游地理状况后认为明清故道已不可能维持多久，大改道已成必然趋势，与其自改不如人改，结果"不幸而言中"。铜瓦厢决口改道后，仍有人建议改道。如在清末，冯桂芬就建议通过对黄河下游地势的测量选择新的河道。这是离开历史上的所谓北道、南道，根据地势高下定出一个新道的建议。可惜以上这些建议均未被统治者所采纳。

那么，清人治河为什么多在改道上打主意、做文章呢？

首先，源于清代严重的决溢灾患。据《人民黄河》的统计，由于清代特别是中叶以后"明清故道"已进入晚期，从清初至鸦片战争（1644～1840 年）的近 200 年间，决口就达 361 次，平均 6 个多月一次，此后在一定时期内更达 5 个多月一次。决口频率之高，创黄河有史以来的纪录。而且决口后经常多年不堵，任由其泛滥。面对严重的决溢灾患，世人不得不对黄河的治理进行反思，对治河方式产生怀疑。因此，崇古思想、迷信思想泛起，一些治河方略也应运而生。人们在反省历史的同时，提议人工改道也就不足为怪了。大改大安，小改小安，与其自改，不如人改，是改道论者对历史上历次黄河改道的认识和总结，也是其存在的理论基础。

其次，也与巨额投入而未取得明显的预期治河效果有关。综观清代对黄河的治理是比较重视的，特别是康熙、乾隆执政时期。康熙曾把"三藩、河务、漕运"列为三件大事，书于官中柱上，用以时时提醒自己，下决心治理黄河。因此，在治河上十分舍得投入。但因河政的腐败及其他因素的影响，河患不仅未得到相应的减轻，反而愈加严重。另外，在治理措施上，出于"保漕"的目的，清代基本上沿用了潘季驯的"筑堤束水，以水攻沙"之法，靳辅治河时尚取得了一定的效果。但在此后，却不能因地制宜、对症下药采取有效措施制止河道的淤积。以至于清中叶后，治河处于束手无策的境地。嘉庆、道光年间，治河者更是为堵口而疲于奔命。正是鉴于以上这些原因，才有了改道论的出现，并广受赞同。

第三，也是世人在黄河治理思想认识上进步的反映。纵观治黄历史，人们对黄河的认识是逐步发展和提高的。如明初在黄河的治理方式上以分流为主，到了后期则发展为"筑堤束水，以水攻沙"。清代尽管仍继续采用这一方式，但人们已认识到他的弊端所在。人工改道方略的提出，不能不说与此无关，并和以前的相比，有了很大的进步。冯祚泰在《治河前策》中论述其改道大清河的建议时，就对前人的治河总结道："东流者，托始于东周，而汉、唐则顺之使东，宋则强之使东，元、明遏之使不得东者也。"非常重视历史的经验。冯桂芬则建议应对下游地理进行普遍测量，在此基础上实施改道更具科学性。

第四，也与清中叶后海运的兴起，运河的任务有所减轻有关。当然，清代的改道论者在阐述其改道设想时，受当时的生产技术条件制约，除含有明显的崇古思想外，还夹杂着许多迷信色彩，这是不可取的。

人工改道

人工改道，作为一项治黄方略历史上曾多有述及。最早提出黄河改道设想的是西汉武帝太始时(前96～前93年)的齐人延年。继他之后，在汉代又有孙禁、贾让、王横等人多次提出改河建议。到了北宋，基于军事需要先后有过三次北流与东流之争，就其争论的内容看也属于改道范畴。明清之际，为了缓解河患，拯救漕运也有人多次提出过改道的意见。

纵观治黄历史，该方略的提出其目的都是为使黄河弃旧从新，免除严重的决溢灾患，在一定程度上也显示出了人类与自然界斗争能力的增长。然而，长期以来这一治黄方略却从未被封建统治阶级所采纳实施，究其原因首先是受大禹治水的影响。人们历来认为大禹治水的成功之处在于其"知水润下之性"，才使"九川既疏，九泽既洒，诸夏艾安，功施于三代"(《史记·河渠书》)。因此，禹河故道也就被后人认为是最佳的河道。如西汉延年提出的改道设想，尽管有消除下游河患，防御匈奴侵扰的功用，并受到了汉武帝的赞赏，认为"计议甚深"。但同时汉武帝又认为黄河河道乃大禹所导，"圣人作事，为万世功，通于神明，恐难更改"(《汉书·沟洫志》)，而不予采纳。

古往今来，治河皆为维护统治阶级利益，黄河是否改道亦概莫能外。明朝的黄河灾患是十分严重的。为解除河患，保护漕运，黄绾、胡渭等人曾多次提出黄河改道北流的意见，但朝廷也未采纳。其真正的原因也是"护漕"的缘故。这可从潘季驯《河议辨惑》中看出一二。"或有问驯曰：贾让有云，今行上策，徙冀州之民当水冲者，治堤岁费且万万，出数年治河之费以业所徙之民，且以大汉方制万里，岂其与水争尺寸之地哉，此策可施于今否？驯应之曰：民可徙也，岁运国储四百万石将安适乎？"

空洞议论，穿凿附会，也是个别人提出改道论的原因。研究治黄史可以看出，乱发空论的风气是比较严重的。这种不负责任的空论，主要表现为：人云亦云或古云亦云；标新立异，不切实际。因为古人有"禹疏九河"之说，所以有人要在黄河下游多开支河，"分杀水势"；因为贾让有"不与水争地"之说，于是便有人反对筑堤束水；一见河道淤塞，马上有人要另开一道，弃旧图新；一听说海口淤塞，便有人提出要"浚海"。但是，很少有人考虑大禹和贾让时代的河情地势和社会经济如何；分水、改道结果如何？新道会不会淤，淤了又怎么办？而是牵强附会，沉湎于毫不费劲的空洞议论。潘季驯是一位非常注重治黄实践的治河名人。在他的诸多治河论著中，对这一不良风气多有抨击，并给予了系统地批驳。当然，除以上原因外，封建经济薄弱，难以承受黄河改道所带来的巨额经费负担，也是一个不容忽视的因素。

提出黄河改道，但又始终不被统治者采纳，为什么还有那么多的人一而再，再而三地要提出改道的设想呢？

其一，黄河改道设想的提出，多发生在黄河灾害严重时期。西汉延年上书指出："可案图书、观地形，令水工准高下，开大河上岭，出之胡中，东注之海。如此，关东无水灾，北边不忧匈奴，可以省堤防备塞，士卒转输，胡寇侵盗，覆军杀将，暴骨原野之患"（《汉书·沟洫志》）。下游问题，上游解决，极富创意。其他如汉朝孙禁、贾让，明朝黄绾、胡渭，以及清人魏源等的改道设想的提出，也无不与水患有关。

其二，认识进步使然。"禹之决渎也，因水以为师"(《淮南子·原道训》)。说大禹以水为师，善于总结水流运动规律，利用水往低处流的自然流势，因势利导地治理洪水。人们在长期的治河实践中，发现黄河一旦发生大的决口改道往往有数十年、上百年，甚至更长的稳定期。分流论和改道论的出现就是人们观察、总结这一现象的结果。另外，与其黄河自然决溢改道，还不如人为地去为黄河改道谋出路，也是改道论者提出改道方略的重要原因。如清人魏源在研究当时的黄河河道后就指出："人力纵不改，河亦必自改之"(《魏源卷·筹河篇》)的观点，十多年后果真应验了他的这一预言。1855 年，黄河在铜瓦厢决口，形成了现行的河道。

其三，也是治黄思想长期争论的结果。受封建社会生产、技术条件的限制和大禹治水的影响，人们对黄河灾患难以形成一个科学的认识，认识不到黄河问题的艰巨性和复杂性。因此，在治河史上也就有了分水派、疏浚派、束水攻沙派等多家治黄思想的长期争论，有了分流、筑堤防洪、束水攻沙、蓄洪滞洪、沟洫拦蓄、人工改道等治黄方略的产生。有的意见听起来很有道理，但在当时却无法实行。如"沟洫治河"在封建社会条件下只能是乌托邦，根本不可能实现，而要进行人工改道更不现实。

其四，也掺杂着很多的封建迷信思想。如，魏源在《筹河篇》中论述其改道思想时曾讲："治莫盛于唐、虞，其时河北由冀州入海，而平阳、蒲坂、安邑之都，河南耶，河北耶？汴宋时，河北决而金源以兴；明昌间，河南徙而金室日蹙，河之宜南流安在？元末，贾鲁复河南流，而明太祖兴凤阳，都金陵，其时元正都燕，其利于北都安在？且以形势言之：河北流，则与燕都为环拱；南流，则与燕都为反弓……以符瑞言之：我朝国号大清，而河工奏疏，动以黄强清弱，清不敌黄而言，毫无忌讳。惟改归大清河，则黄流受大清之约束，以大清为回归朝宗之地，其祥不祥又孰胜？"（《魏源卷·筹河篇》）魏源是近代著名学者、重要的启蒙思想家，是"师夷长技以制夷"的主要倡导者，一生著述颇丰，对黄河治理亦有深厚的造诣，但在改道这一问题上，却也会误入迷信的歧途。因国号"大清"说"黄强清弱""清不敌黄"就犯忌讳；改道大清河，就能够受"大清"的约束，就吉祥，甚至显出几分可笑来。

黄河的问题在泥沙。治理黄河是一个系统工程，其艰巨、复杂难治亦在于此。如若不站在流域高度，审视黄河，认识黄河内在规律，统筹兼顾，就不可能把黄河的事情办好。这在以农耕文明为主的封建社会，实在也太难了！当然，这也可谓黄河长期为患的真实原因。不是解决不了问题，而是功力、火候不到，尚难以解决问题；不是前人努力不够、钻研不深，而是生产力水平、科学技术水平尚难以支撑问题的解决。但也正是有了历代治河人的艰难探索、不懈奋斗，才成就了当今黄河治理与开发的辉煌成就！

腐败的河政

"利修防以事报销，籍堵口而谋升迁。"^①这是水利专家、我国近代水利事业开拓者之一的张含英先生，在研究清代治河的种种弊端后，对清代"河政"的评价。

先说借机发财。手段一，虚报冒领。靳辅曾在《靳文襄公奏疏》一文中自述其估工的经过说："自徐州至海口尽行估筑堤工，不照各官估计另出己见，共估银一百五十一万七千六百余两。"又说："至于大修一案，先据各属估计需银四百余万，而臣力排众议，谬出己见，止估银二百五十余万。"仅后一项就挤出水分150万两。这还不是最后实际费用支出。黎世序在《续行水金鉴》一书中写道，雍正元年（1723年）河道总督齐苏勒奏疏中称："历年奏销，不无虚冒，再道库钱粮，收发出入，甚不清楚，而各员所领银两，核对所做工程，每不抵半。"手段二，贪污作弊。雍正帝曾下诏说："近闻管夫河官，侵蚀河夫工食，每处仅存夫头数名。遇有工役，临时雇募乡民充数塞责，以致修筑不能坚固，损坏不能提防，冒销误工，莫此为甚。"包世臣作为嘉庆、道光年间许多封疆大吏重视的"全才"幕僚，曾多年在河工上奔忙，指出的问题更是触目惊心。他在《中衢一勺·郭君传》一书中说："真明钱粮者责七成之工而已……余往来南河二十年，所见工程不及二三成者，甚有动帑竟不动工者。""不及二三成""动帑竟不动工"，真是胆大妄为。手段三，弄虚作假。如秸料一项是按垛计算，嘉庆十一年（1806年）每垛2.5万千克，官家出银200两，市价可买15

① 张含英：《明清治河概论》，北京：水利电力出版社，1986年，第186页。

万千克，这样就虚报了 6 倍。实际上，这些秸料都是向沿河民众按田亩摊派，民众无偿上缴或贱价出售。收料后，搭成垛形，往往中空如屋，每垛不过 1.5 ~ 2 万千克。河工备料常多达上万垛，仅此一项，贪腐的河官就有不少进项。另外，在土方方面的造假也不亚于秸料。(《黄河志·河政志》)

贪图功名的突出表现则是不务实际，只尚空谈。黎世序在《行水金鉴·续行水金鉴》中写道，乾隆十八年（1753 年）乾隆帝曾在谕旨中提到："朕因河患，宵旰忧勤。日召在廷诸臣，详悉讲求。其欲复黄河故道北流者，既迂远难行，至谓蓄泄宜勤，闸坝宜固，堤堰宜增，海口宜浚，则河员足任。徒事摭拾空言，无难编成巨帙。昔人云，议礼如聚讼。议河亦如聚讼，哓哓不已，甚无取焉。"议论治河，很有必要，但若不与实际相结合，因循守旧，无意革新，但事空言，就要打问号了！

清代河政腐败所带来的恶果是十分严重的。首先，是"不患河之多事，而患河之无事"[1]。靳辅在《靳文襄公奏疏》一文中论述有欲破坏其所修堤防时说："但不肖官员、奸民、蠹役，率皆喜动恶静，乐于有事，而苦于无事，往往有阴求败废之者。"就连最高当权者皇帝，也认识到了这一弊端。黎世序在《行水金鉴·续行水金鉴》一书中写道，乾隆十七年（1752 年）的一封谕旨说："从来河员乐于工作，可图领帑开销。不讲则已，讲则非浚即筑，必有当兴之工。有如医者，有疾无疾诊必有方。幸而不为大害，否则削正引邪，往往竟成痼疾。河工似此无益之费不

---

① 张含英：《明清治河概论》，北京：水利电力出版社，1986 年，第 186 页。

知凡几。"其次，是新技术、正直官员受攻击。如黎世序用石工于南河，即引起"交章而攻"。栗毓美兴砖工以护岸，又引起"物议沸腾"。这是因为私底下有"靡费罪小，节省罪大之谤"（《魏源卷·筹河篇》），意思是修了石工或砖工，工程相对牢固，修防的事少了，费用节省了，发财的路断了，所以引起非议，遭受攻击。范玉琨的遭遇更是让人唏嘘不已。据他在《马棚湾漫工始末》一书中记述，在估报堵口费用时，淮扬营薛朝英上报需银130万两，范核估不出20万两，实际用14万余两完工。然而，范玉琨却因严核工款，得罪大员，被参罢官。第三，铺张浪费，骄奢淫逸，败坏社会风气。清代河官的奢侈生活骇人听闻，清江浦作为河道总督衙门所在地特别繁华，终年市面上车水马龙，充满了珠、玉、参、貂商店，官府里歌舞、盛宴昼夜不息。某河督宴客，一盘猪肉要杀50头猪，每猪只割取一小块；一道菜有的要花几百两白银。一次宴席往往接连吃两三昼夜。河道衙门里宾朋客满，终日坐享豪宴（《黄河志·河政志》）。正如魏源指出："竭天下之财赋以事河，古今有此漏卮填壑之政呼？"（《魏源卷·筹河篇》）当然，河政腐败的真正恶果，主要还是体现在日益严重的河患上。屡堵屡决，屡决屡堵，黄河无一日安宁，就是清代治河的真实写照。

分析清代河政腐败的原因，除封建王朝的固有顽疾外，也与清王朝重视漕运，投入多，以及特有的赔偿制度等有关。清朝定都北京，国家每年所需漕粮，仍然和明代一样，仰给于江南，因此治河还是以保漕为主。康熙年间，靳辅开挖了中运河后，淮扬运道的咽喉地带清口上下河段，更被视为治河的重点，全力修治，以保漕运畅通。而要实现这一目标，在当时的生产力水平和技术水平下是十分艰难的，这从康熙帝的一首诗中就不难看出。他在《河臣箴》一诗中说："昔止河防，今兼漕法。既弭其患，复资其力。"治理与开发利用，往往陷两难境地。

清代治河费用除岁修费外，还有为修筑堤防、堵塞决口、疏浚河道等大型工程专案另拨的专项经费，而尤以堵口工程费用最大。少者十数万两、数十万两，多者数百万两、上千万两。据魏源《筹河篇》中称：乾隆四十六年（1781 年）的"青龙岗之决，历时三载，用帑两千万（两）"（《魏源卷·筹河篇》）。花费大，漏洞就多。为控制河工贪污浮冒，清政府制定了罚赔制度。规定凡所修河工不坚，一旦从此决口，所用银两，只准报销六成，其余四成由道府以下文武汛员赔偿。黎世序在《行水金鉴·续行水金鉴》一书中写道，乾隆帝于三十九年（1774 年）下谕说：今后负责治河的河臣，不能例外，亦应予以赔偿。所以该年老坝口合龙所用正杂银 11 多万两，除报销六成外，下余 4.4 万两，由总河吴嗣爵赔银 2 万两，高晋 1 万两。所余 1 万余两，由文武各员照例按股分赔。这种制度看似严格，但实际上河官们在修工时，即将罚赔之款已预先冒领，反而助长了贪污之风。

近代西方人士对治黄的研究

1840 年鸦片战争后，随着外国资本主义的入侵，我国的社会、政治、经济等发生了深刻变化，黄河及其治理也不例外。一方面，国家的经济日益贫困，政治日益混乱，河患也更加频繁；另一方

面，由于东西方技术的沟通，西方先进的科学技术得以引进，对
于治河的策略和技术起到了积极地促进作用，并初步实现了治河
由古代技术到近代科学技术的过渡和转变。另外，黄河的治理与
开发也受到了西方的一些有识之士的关注。在短短的数十年间就
有不少的西方人士到华考察并进行研究。他们对黄河地理、水文、
地质等基本资料的观测研究，对于黄河自然规律的探讨，对于模
型和现场试验的创设，对于下游洪水防治和全流域综合开发的设
想等，在某种程度上可以说是为近现代治黄及研究奠定了基础。

最早来到黄河考察的西方人士是荷兰工程师单百克和魏舍。
清光绪十五年（1889 年），他们二人通过对黄河下游的考察，撰
写了第一份出自西方人士之手的考察报告。在河南铜瓦厢、山东
泺口等处测验黄河的泥沙含量，也被视为西方治河技术对黄河治
理影响的开端。十年之后，"谙习水利的"比利时人卢法尔，对
黄河下游进行了全面的考察。徐振声《历代治黄史》一书中就记
录了他的结论"今欲求治此河，有应行先办之事三：一、测量全
河形势，凡河身宽窄深浅、堤岸高低厚薄，以及大小水之深浅，
均须详志；二、测绘河图，须纤悉不遗；三、分派人查看水性（量），
较量水力，记载水志，考求沙数，并随时查验水力若干，停沙若干。
凡水性（量）沙性（量）偶有变迁，必须祥为记出，以资参考"。
就是说，必须首先测量全河详细地形，并绘制成图；调查河流情
况；广泛设立水文站，观测流量、沙量、并随时观测其变化。他
从了解黄河的自然现象和基本情况入手，并进而探索水沙运行规
律，以制定治理方案，就当时来说，这不能不说是治河上的一大

革新。

进入民国以后，外国人对黄河的考察研究日渐增多。德国的方修斯、美国的费礼门、雷巴德、葛罗同和萨凡奇等人，都先后对黄河作过考察、研究工作。美国工程师费礼门于民国八年（1919年）来我国考察黄河，曾对黄河水沙进行量化测验，费礼门在《豫河修防之商榷》一书中他提出要使"黄河流行于狭河槽中"。具体方法是在原有旧大堤内"另筑直线新堤，在新旧二堤之中，存留空地，任洪水溢入，俾可沉淀淤高，可资将来之屏障。如遇特别洪涨，并于新堤与河槽之间建筑丁坝，以防新堤之崩溃。"德国著名的河工模型试验专家恩格斯，虽未曾到过我国，但他"素以研究黄河为志，二十余年搜集关于黄河资料，孜孜研讨不倦。"这是李仪祉先生所写《李仪祉先生遗著》（孙绍宗、胡步川等编校）一书中对他的肯定。他是第一个运用模型试验，对黄河河道进行研究的人，著名的"固定中水位河槽"治河方策，就是由他创立的。他在《制驭黄河论》中指出："按黄河之病，不在堤距之过宽，而在缺乏固定中水位之河槽。故河流于内堤之间可任意屈曲，迁徙莫定，害乃生焉。河流迁徙无常，即易荒废，故押转力（挟带泥沙的能力）弱，沙砾淤积，河床垫高，或河湾屈曲愈锐，日近堤防，冲刷堤基，洪水一至，而崩溃堪虞矣。治理之道，宜于内堤之间，固定中水位河槽之岸。河湾过曲，则裁之取直，河流分歧，则塞支强干。其利有二：一为中水河槽之'谿线'（或名谷道）可固定不移；一为河流之力刷深河床，不致展于过宽。而河床之垫高，固可避免，河湾亦不致近堤矣。且辽阔之滩地亦可保存无恙。

当洪水大涨之时，水溢出槽，可淤积沃壤，日渐增高，即中水河槽，日益加深，冲刷力可将因此增大。"这些外国人士采用近代先进的科学技术研究黄河，为黄河的治理留下了宝贵而又丰富的资料，也为治河技术的进步打下了坚实的基础。因此，对我国近现代水利技术和治河理论的影响也是巨大的。具体来说有以下两点：

第一，加快了治河技术的进步与发展，如黄河水文站的建设。在我国有识之士的努力下，自1919年在山东泺口和河南陕县相继建立了水文站之后，至1937年全河已发展水文站35处，水位站36处，雨量站300处。水情传递也用上了电话，到光绪三十四年（1908年）黄河两岸已架设专用电话线长700多千米。此外，河防工程、农业灌溉等方面也有了长足的发展。抽水机（即水泵）至迟在民国十七年（1928年）前后，黄河下游两岸已开始使用。虹吸工程大约也是在这个时候出现的。

第二，促进了新的治河理论的诞生。在众多致力于治黄研究的学者中，以李仪祉的成就最为显著，他也因此而成为我国近代著名的水利专家。李仪祉曾两次留学德国，在他从事水利工作的20多年中，曾对黄河的治理进行过精深的研究。有关黄河的重要论著有：《黄河之根本治法商榷》《黄河治本的探讨》《治理黄河工作纲要》《黄河治本计划概要叙目》《治河略论》等。在这些著述中，他把国外先进的水利科学技术同我国已有的治河经验相结合，提出了上、中、下游全面治理的治河思想。为此，他主张在上、中游植树造林，以减少泥沙的下泄量，同时在各支流"建拦洪水库，以调节水量"，并广开渠道，振兴水利，以进一步削减下游洪水。

至于下游防洪，他认为应尽量为洪水"筹划出路，务使平流顺轨安全泄泻入海"并提出了开辟减水河、整治河槽等具体方案。他的这一方略一改清代以前只重下游的思想，使我国的治河方略向前推进了一大步。时至今日，仍有着非常重要的现实意义。

附录一
本书主要人物

　　共工：为氏族名，又称共工氏。为中国古代神话中的水神，掌控洪水。关于他的传说，几乎全与水有关，最有名的故事是"共工怒触不周山"。黄河的经常泛滥威胁到了部落的生存，共工率领部众与洪水英勇搏斗，他们采取"堵"而不是"疏"的办法来治水，未能根治洪水，但是为后人治水积累了经验。共工是华夏的治水英雄，被后世尊为水神。共工治水表现出来的永不言败的精神，是中华民族宝贵的精神财富。

　　鲧：鲧禹治水是中国最著名的治洪神话。鲧是大禹的父亲，有崇部落的首领，曾经治理洪水长达 9 年，救万民于水火之中，劳苦功高。一说因鲧与尧之子丹朱、舜争部落联盟共主之位失败而被尧流放至羽山；一说是"尧令祝融杀鲧于羽山"，是一个悲剧色彩浓厚的治水英雄。鲧还是城郭的创始人，根据专家考证陕西神木石峁遗址就是夏鲧的封地古崇国。

大禹：按最早的有关黄河的地理著作《禹贡》记述，是夏禹确立了有文字记载以来最早的黄河河道——"禹河故道"。大禹治水的事迹也长期影响着后人。如"禹河故道"历1400多年无河患，被世人视为黄河的最佳河道；历朝历代争论不休的分流、筑堤、蓄洪滞洪、沟洫拦蓄等治黄方略，也都源自于大禹治水。另外，由于大禹治水是我国古代国家历史的开端，不仅奠定了治国与治水的密切关系，其辉煌的治水业绩甚至使他成为中华民族精神的符号之一。

管仲：约前723～前645年，姬姓，管氏，名夷吾，字仲，谥敬，春秋时期法家代表人物，颍上人（今安徽颍上），周穆王的后代。是中国古代著名的经济学家、哲学家、政治家、军事家。被誉为"法家先驱""圣人之师""华夏文明的保护者""华夏第一相"。

白圭：前370～前300年（或前463～前365年），战国时期中原（洛阳）人，名丹，字圭。梁（魏）惠王时在魏国为相，期间施展治水才能，解除了魏都城大梁的黄河水患，后因魏国政治腐败，游历了中山国和齐国后，弃政从商。《汉书》中说他是经营贸易发展生产的理论鼻祖，先秦时商业经营思想家，同时他也是一位著名的经济谋略家和理财家。

刘彻：前156～前87年，即汉武帝，西汉第7位皇帝，伟大的政治家、战略家、诗人。在政治上，创设中外朝制、刺史制、察举制，颁行推恩令，加强君主专制与中央集权。在经济上，推行平准、均输、算缗、告缗等措施，铸五铢钱，由官府垄断盐、铁、酒的经营，并抑制富商大贾的势力。文化方面，"罢黜百家，独尊儒术"，并设立太学。对外，汉武帝采取扩张政策，除与匈奴长年交战外，还破闽越、南越、卫氏朝鲜、大宛，又凿空西域、开丝绸之路，并开辟西南夷。此外，还有创设年号、颁布太初历等举措。

贾让：生卒年不详，西汉时期筹划治理黄河的代表人物。他在 2000 年前提出的人工改河、分流洪水和巩固堤防的治河"三策"，不仅是保留至今我国最早的一篇比较全面的治河文献，而且被后人誉为我国治黄史上第一个除害兴利的规划。尽管未能付诸实践，但因东汉史学家班固以 1000 余字的篇幅把他完整地记入了《汉书·沟洫志》中，而对后世的治河工作产生了深远的影响。

王景：约 30～85 年，字仲通，乐浪郡诌邯（今朝鲜平壤西北）人，为东汉时期著名的水利工程专家。他为后人留下了黄河"长期安流""千年无患"的千古之谜，并引起了世人的多方探讨和长期争论。王景治河后，黄河之所以能够长期安流，原因可能多种，但其治河功绩是谁也否定不了的。争论的结果是更加坚定了治河者的决心和信心。

王安石：1021～1086 年，字介甫，号半山，临川人，北宋著名思想家、政治家、文学家、改革家。他曾两次拜相。在其当政期间制定颁发的《农田利害条约》（即通常所称的农田水利法），不仅形成了四方争言水利的局面，而且为北宋大搞农田水利基本建设奠定了基础。黄河商胡改道后长达 40 余年的"东流""北流"之争，以及大规模的引黄放淤活动等，无不与此有关。这一时期，欧阳修、苏轼、王安石、苏辙、曾巩、司马光等作为文学、史学名家都参与治河论争，更成为千古佳话。

贾鲁：1297～1353年，字友恒，元代高平（今属山西晋城）人，元代著名河防大臣、水利学家。后世曾流传有这样四句诗来评价其治河："贾鲁修黄河，恩多怨亦多，百年千载后，恩在怨消磨"。据历史记载，元至正十一年（1351年）贾鲁率近20万民众进行堵口。历经半年多，在耗用了大量的财物后终于堵住了已泛滥七年之久的白茅堤决口。但因是汛期堵口，又不顾民工死活，急于求成，而招致了不少民怨。有人甚至把元朝的灭亡也算到这次治河的头上。然而，综观其整个堵口过程，贾鲁仍不失为一个敢于战胜洪水，敢于技术创新的治河专家。其"有疏、有浚、有塞"的治河措施及堵口技术，对此后的黄河堵口工程影响巨大。

刘大夏：1437～1516年，字时雍，号东山。湖广华容（今属湖南）人。明代名臣、诗人。弘治六年（1493年）春，黄河在张秋堤防决口，皇帝下诏博选才臣前往治理。吏部尚书王恕等推荐刘大夏，提升刘大夏为右副都御史前往。到职后，在黄陵冈疏通贾鲁河，又疏通孙家渡和四府营上游，以分水势。从胙城经过东明、长垣到徐州修筑长堤共"三百六十里"。

刘天和：1479～1546年，字养和，号松石。湖广省麻城县（今湖北省麻城市麻城县）人。明朝名臣、学者。刘天和任总理河道期间，创制了"手制乘沙采样等器"来测定河水中泥沙的数量，为水利史学界所称道。著有《问水集》一书。

万恭：1515～1591年，字肃卿，别号两溪，江西南昌人。

明嘉靖二十三年（1544 年）进士，历任光禄寺少卿、大理寺少卿等职。隆庆六年（1572 年）被任命为兵部左侍郎兼都察院右佥都御史总理河道。万恭在职期间，写有《治水筌蹄》一书，总结了长期以来治河治运的经验教训及其治河思想、方法、措施等，对后世治理黄、运有深远的影响。

潘季驯：1521 ~ 1595 年，字时良，号印川。湖州府乌程县（今属浙江省湖州市吴兴区）人。明朝中期大臣、水利学家。他在条件比较艰难的情况下，能够针对当时的实际情况，治河、治运并举，实行综合治理，基本满足了统治阶级保证漕运的需要。更重要的是他通过总结前人的经验和长期的摸索、实践，在对黄河水沙进行重新认识、评价的基础上，提出了"以河治河，以水攻沙"这一对后世影响巨大的治河方略。他对黄河堤防建设的贡献也非常突出，不仅评价甚高，而且有所创新。时至今日，他的一些治河思想对黄河的治理与开发仍有着非常重要的现实意义。

康熙：即清圣祖仁皇帝爱新觉罗·玄烨，1654 ~ 1722 年，清朝第四位皇帝、清定都北京后第二位皇帝。他 8 岁登基，14 岁亲政，在位 61 年，是中国历史上在位时间最长的皇帝。他是中国统一的多民族国家的捍卫者，奠定了清朝兴盛的根基，开创出康乾盛世的大局面。谥号合天弘运文武睿哲恭俭宽裕孝敬诚信功德大成仁皇帝。

靳辅：1633 ~ 1692 年，字紫垣，辽阳州（今辽宁辽阳）人，隶汉军镶黄旗，清代大臣，水利工程专家。在其治河期间，能够知人善任，针对当时的实际，对症下药，采取了一系列可行而有效的措施治理黄河,并在明清河患极为严重的情况下创造了数十年无大灾的良好业绩。这一成绩是自王景治河后到解放前从未有人可比的。当然,因为他的治河方法继承、沿用并完善了潘季驯的"筑堤束水,以水攻沙"的方略,也为此方略的巩固和发展作出了积极的贡献。

陈潢:1637～1688年,字天一,一作天裔,号省斋。秀水(今浙江嘉兴)人,一说钱塘(今浙江杭州)人,清朝治河名臣。在治理方法上继承和发展了潘季驯"筑堤束水,以水攻沙"的治河理论,主张把"分流"和"合流"结合起来,把"分流杀势"作为河水暴涨时的应急措施,而以"合流攻沙"作为长远安排。在具体做法上,采用了建筑减水坝和开挖引河的方法。为了使正河保持一定的流速流量,发明了"测水法",把"束水攻沙"的理论置于更加科学的基础上。著有《河防述言》《河防摘要》,附载于靳辅《治河方略》。

嵇曾筠:1670～1739年,字松友,号礼斋,江南长洲人。清代官员、水利专家。康熙四十五年,嵇曾筠中进士,选庶吉士,历任河南巡抚、兵部侍郎、河南副总河、河道总督,累官文华殿大学士、吏部尚书,出为浙江总督,乾隆三年(1738年)为内阁学士。著有《师善堂集》《河防奏议》。

黎世序:1772～1824年,初名承德,字景和,号湛溪,河南罗山人,清朝大臣。嘉庆元年进士。十六年,迁淮海道。与河督陈凤翔争堵倪家滩漫口,由是知名。道光元年,加太子少保。

栗毓美:1778～1840年,字含辉,又字友梅,号朴园,又号箕山，山西省浑源县人。道光十五年（1835 年）任河南山东河道总督，主持豫鲁两省河务。

附录二
黄河堤防大事年表

1. 齐桓公三十五年（前 651 年），防御黄河洪水的堤防已较为普遍。据《史记·齐世家》记载：齐桓公"会诸侯于葵丘（在今河南民权境）"，订立盟约，有一条规定是"无曲防"（《孟子·告子》）。规定各诸侯国之间，禁止修损人利己、以邻为壑的堤防。

2. 汉文帝十二年（前 168 年），"河决酸枣（今延津县境），东溃金堤，于是东郡大兴卒塞之。"这是汉代黄河最早的一次决口。

3. 汉武帝元光三年（前 132 年），"河决于瓠子，东南注巨野，通于淮、泗"。当年堵口失败，汉武帝听信丞相田蚡之言："江河之决皆天事，未易以人力为强塞，强塞之，未必应天"，故未再堵合，以致泛滥 20 余年。到元封二年（前 109 年）汉武帝发卒数万人，亲到河上督工，令群臣从官自将军以下背着薪柴填堵决口，终于堵合。

4. 汉宣帝地节元年（前 69 年），光禄大夫郭昌主持举办濮阳至临清间的黄河裁弯取直工程。施工 3 年，虽未成功，却是整治黄河的一次重要实践。

5. 汉成帝建始四年（前 29 年），河决馆陶及东郡金堤，洪水"泛滥兖、豫，入平原、千乘、济南，凡灌四郡三十二县，水居地十五万余顷，深者三丈。坏败官亭室庐且四万所……河堤使者王延世使塞，以竹络长四丈，大九围，盛以小石，两船夹载而下之，三十六日河堤成"。

6. 汉成帝绥和二年（前 7 年）九月，贾让根据黎阳（今浚县一带）黄河堤距仅"数百步"，而且"百余里之间，河再西三东"的不利形势，提出治河上、中、下三策。他的上策是改道北流，"徙冀州之民当水冲者，决黎阳遮害亭，放河使北入海"。中策是"多穿漕渠于冀州地，使民得以溉田"，同时"为东方一堤，北行三百余里，入漳水中"，设水门分水北流，由漳河下泄。下策是于黎阳一带"缮完故堤，增卑培薄"，他认为这样势将"劳费无已，数逢其害，后患无穷"。

7. "永平十二年（69 年），议修汴渠，乃引见（王）景，问以理水形便。景陈其利害，应对敏给，（明）帝善之。又以尝修浚仪（渠），功业有成……夏，遂发卒数十万，遣景与王吴修渠筑堤，自荥阳东至千乘海口千余里。景乃商度地势，凿山阜，破砥绩，直截沟涧，防遏冲要，疏决壅积，十里立一水门，令更相洄注，无复遗漏之患。景虽减省役费，然犹以百亿计。明年夏，渠成。"王景依靠数十万人的力量，在一年之内修了 500 多千米的黄河大堤和治河工程，又整治了汴渠渠道，黄河与汴渠分别得到控制，从而"河汴分流，复其旧迹"。王景治河后的黄河河道，大致经浚、滑、濮阳、平原、商河等地，最后由千乘（今利津）入于渤海。

8. 汉安帝永初七年（113 年），于石门东"积石八所，皆如小山，以捍冲波，谓之八激堤"。石门，即浪荡渠口受河之处，在今河南古荥一带；激堤，类似现代的乱石坝，用以防冲。

9. 后唐明宗天成五年（公元 930 年），滑州节度使张敬询"以河水连年溢堤，乃自酸枣县界至濮州，广堤防一丈五尺，东西二百里"。

10. 后周太祖显德元年（954 年），"河自杨刘至博州百二十里，连连东溃，分为两派，汇为大泽，弥漫数百里。又东北坏古堤而出，灌齐、棣、淄诸州，至于海涯，漂没民庐不可胜计"。当年十一月，派宰相李谷负责修筑澶、郓、齐等州堤防。

11. 乾德五年（967 年）正月，"帝以河堤屡决"，分派使者行视黄河，发动当地丁夫对大堤进行修治。自此以后，都在每年正月开始筹备动工，春季修治完成。黄河下游"岁修"之制，从此开始。

12. 宋代黄河卷埽工有进一步发展。据《宋史·河渠志》记载："以竹为巨索，长十尺至百尺，有数等。先择宽平之所为埽场"，在埽场上密布以竹、荻编成的绳索，绳上铺以梢料（柳枝或榆枝），"梢芟相重，压之以土，杂以碎石，以巨竹索横贯其中，谓之'心索'。卷而束之……其高至数丈，其长而倍之"。一般用民夫数百或千人，应号齐推于堤岸卑薄之处，谓之"埽岸"。推下之后，将竹心索系于堤岸的桩橛上，并自上而下在埽上打进木桩，直透河底，把埽固定起来。

北宋时期，普遍采用了埽工护岸，并设置专人管理，实际上它已成为险工的名称。天禧年间，上起孟州，下至棣州，沿河已修有 45 埽。到元丰四年（1081 年），沿北流曾"分立东西堤五十九埽"，按大堤距河远近，来定险工防护的主次，"河势正著堤身为第一，河势顺流堤下为第二，河离堤一里内为第三"。距水远的大堤，亦按安全程度，分为三等，"堤去河远为第一，次远者为第二，次进一里以上为第三"。根据工情缓急，布置修防。

13. 宋徽宗建中靖国元年（1101 年），左正言任伯雨提出用遥堤防洪的办法。他说："盖河流浑浊，泥沙相半，流行既久，迤逦淤淀，则久而必决者，势不能变也，或北而东，或东而北，亦安可以人力制哉！为今之策，正宜因其所向，宽立堤防，约拦水势，使不致大段漫流。"

14. 大定二十七年（1187 年），金世宗"令工部官员一员，沿河检视"。以南京府（今开封）、归德府（今商丘）、河南府（今洛阳）、河中府（今永济）等"四府十六州之长贰（府、州正副长官）皆提举河防事，四十四县之令佐，皆管勾河防事……仍赖自今河防官司怠慢失备者，皆重抵以罪"。

15. 泰和二年（1202 年），颁布《河防令》十一条，其中规定"六月一日至八月终"为黄河涨水月，沿河州县官必须轮流进行防守。

16. 至元十二年（1275 年），郭守敬勘测卫、泗、汶、济等河，规划运河河道，测量孟门以东黄河故道、规划黄河分洪及灌溉，并提出了"海拔"的概念。

17. 元英宗至治元年（1321年），色目人沙克什根据沈立汴本及金都水监本合编成《河防通议》。宋人沈立曾编《河防通议》一书，金代予以增补。本书内分六门，是记述河工具体技术的最早著作。

18. 至正十一年（1351年）四月初四日，元惠宗诏令贾鲁以工部尚书为总治河防使，堵口治河。是月二十二日鸠工，七月疏凿成，八月决水归故河，九月舟楫通行，十一月水土工毕，诸埽、诸堤成，河乃复故道，南汇于淮又东入于海。贾鲁堵口时采取疏、浚、塞并举的措施，对故河道加以修治。黄河归故后，自曹州以下至徐州河道，史称"贾鲁河"。元翰林承旨欧阳玄撰《至正河防纪》一书，详述此次堵口施工过程及主要技术措施。据记载：此次堵口动用军民人夫二十万，疏浚河道二百八十余里，堵住大小缺口一百零七处，总长共三里多，修筑堤防上自曹县下至徐州共七百七十里；工程费用共计中统钞一百八十四万五千多锭；动用物料：大木桩二万七千根，杂草等七百三十三万多束，榆柳杂梢六十六万多斤，碎石二千船，另有铁缆、铁锚等物甚多。贾鲁堵口工程规模之浩大，为封建时代治河史上所罕见。

19. 明成祖永乐二年（1404年）五月，修河南府孟津县河堤。九月，修河南武陟县马曲堤（沁河堤），不久开封城为河水所坏，命发军民修筑。十月，河南黄水溢，帝命城池有冲决者立即修复。永乐三年二月，河决马村堤。帝命司官督民丁修治。永乐四年八月，修河南阳武县堤岸。

20. 明英宗正统二年（1437 年），筑阳武、原武、荥泽等县河堤。

21. 明代宗景泰四年（1453 年）十月，朝廷命徐有贞为佥都御史，专治沙湾，徐提出了治河三策。廷议批准后，他首先"逾济、汶，沿卫、沁，循大河，遵濮、范"，对地形水势进行勘察。接着"设渠以疏之，起张秋金堤之首，西南行九里至濮阳泺，又九里至博陵陂，又六里至寿张之沙河，又八里至东、西影塘，又十有五里至白岭湾，又三里至李堆，凡五十里。由李堆而上二十里至竹口莲花池，又三十里至大伾潭。乃逾范及濮，又上而西，凡数百里，经澶渊以接河、沁，筑九堰以御河流旁出者，长各万丈，实之石而键以铁"。至景泰六年七月，治河工程告竣，"沙湾之决垂十年，至是始塞"。从此，"河水北出济漕，而阿、鄄、漕、郓间田出沮洳者数十万顷"，漕运也得以恢复。

22. 明孝宗弘治二年（1489 年）五月，黄河大决于开封及封丘荆隆口，郡邑多被害，有人主张迁开封以避其患。九月，命白昂为户部侍郎修治河道，赐以特敕令会同山东、河南、北直隶三巡抚，自上源决口至运河，相机修筑。弘治三年正月，白昂查勘水势，"见上源决口，水入南岸者十三，入北岸者十七。南决者，自中牟杨桥至祥符界分二支：一经尉氏等县，合颍水，下涂山，入于淮；一经通许等县，入涡河，下荆山，入于淮。又一支自归德州通凤阳之亳县，亦会涡河，入于淮。北决者自阳武、祥符、封丘、兰阳、仪封、考城，其一支决入荆隆口，至山东曹州，冲入张秋漕河。去冬水消沙积，决口已淤，因并为一大支，由祥符翟家口合沁河，出丁家道口，下徐州。"根据此种情况，他建议"在南岸宜疏浚以杀河势"，"于北流所经七县为堤岸，以卫张秋"。朝廷同意后，他组织民夫二十五万"筑阳武长堤，以防张秋，引中牟决河……以达淮，浚宿州古汴河入泗"，又浚睢河以会漕河，疏月河十余以泄水，并塞决口三十六处，使河"流入汴，汴入睢，睢入泗，泗入淮，以达海"。

23. 弘治六年（1493年）二月，以刘大夏为副都御史，治张秋决河。刘大夏经过勘察，参考巡按河南御史涂升提出的重北轻南、保漕为主的治河意见，于弘治七年五月采取了遏制北流、分水南下入淮的方策，一方面在张秋运河"决口西南开月河三里许，使粮运可济"；另一方面又"浚仪封黄陵冈南贾鲁旧河四十余里""浚孙家渡，另凿新河七十余里"，并"浚祥符四府营淤河"，使黄河水分沿颍水、涡河和归徐故道入淮，最后于十二月堵塞张秋决口。为纪念这一工程，明孝宗下令改张秋镇为平安镇。

在疏浚南岸支流、筑塞张秋决口之后，刘大夏复堵塞黄陵冈及荆隆等口门七处。并在黄河北岸修起数百里长堤，"起胙城（今延津县境），历滑县、长垣、东明、曹州、曹县抵虞城，凡三百六十里，"名太行堤。西南荆隆口等处也修起新堤，"起于家店，历铜瓦厢，东抵小宋集，凡百六十里。"从此筑起了阻挡黄河北流的屏障，大河"复归兰阳、考成分流，经徐州、归德、宿迁，南入运河，汇淮水东注于海"。

24. 嘉靖十三年（1534年），刘天和以都察院右副都御史总理河道。就任不久，河决赵皮寨入淮，谷亭流绝，运道受阻。刘天和发民夫十四万疏浚，尚未奏功，河又自夏邑大丘、回村等集冲数口转向东北，流经萧县，下徐州小浮桥。为研究治河对策，天和亲自沿河勘察，并分遣属吏循河各支，沿流而下，直抵出运河之口，逐段测量深浅广狭。针对当时情况，天和上言："黄河自鱼、沛入漕河，运舟通利者数十年，而淤塞河道，废坏闸座，阻隔泉流，冲广河身，为害亦大。今黄河既改冲从虞城、萧、砀下小浮桥，而榆林集、侯家林二河分流入运者，俱淤塞断流，利去而害独存，宜浚鲁桥至徐州二百余里之淤塞。"朝廷同意了他的建议，嘉靖十四年春对河、运进行了一次全面治理，"计浚河三万四千七百九十丈，筑长堤、缕水堤一万二千四百丈，修闸座一十有五、顺水坝八，植柳二百八十余万株。"工程完成后，"运道复通，万艘毕达"，取得显著效果。

25. 明穆宗隆庆六年（1572年）正月，万恭以兵部左侍郎兼右佥都御史总理河道。就任后，对黄河、运河做了实地考察，并与奉命经理河工的尚书朱衡一起，大修徐州至邳州的河堤，四月"两堤成，各延袤三百七十里"。同时，他还组织力量修丰、沛大堤，筑"兰阳县赵皮寨至虞城县凌家庄南堤二百二十九里"，加强了黄河堤防。

26. 明神宗万历六年（1578年）二月，经首辅张居正推荐，潘季驯以都察院右都御史兼工部左侍郎总理河漕兼提督军务的头衔，第三次肩负起治河重任。四月，潘季驯抵达淮安，旋即与督漕侍郎江一麟沿河巡视决口及工程情况，对黄、淮、运进行全面考察研究，向朝廷提出了有名的《两河经略疏》，建议"塞决口

以挽正河""筑堤防以杜溃决""复闸坝以防外河""创滚水坝以
固堤岸""止浚海工程以省糜费""寝开老黄河之议以仍利涉"。
朝廷采纳了他的主张,各项工程陆续展开。至七年十月,河工完
成,计"筑高家堰堤六十余里、归仁集堤四十余里、柳浦湾堤东
西七十余里,塞崔镇等决口百三十,筑徐、睢、邳、宿、柳、清
两岸遥堤五万六千余丈,砀、丰大坝各一道,徐、沛、丰、砀缕
堤百四十余里,建崔镇、徐升、季泰、三义减水石坝四座,迁通
济闸于甘罗城南,淮、杨间堤坝无不修筑。费帑金五十六万有奇"。

27. 万历十六年(1588年)五月,经朝臣多人交章推荐,潘
季驯第四次总理河道。六月初一抵达淮安,初二正式视事。他首
先以两月时间对黄、淮、运的堤防、闸坝作了详细调查,提出了
加强河防工程的全面计划。他认为当前的主要任务是加强堤防修
守,除在《申明修守事宜疏》中提出了加强堤防的八项措施外,
在其后的二年中对上自河南武陟、荥泽,下至淮安以东的堤段普
遍进行了创筑、加高和培修。仅在徐州、灵璧、睢宁、邳州、宿迁、
桃源、清河、沛县、丰县、砀山、曹县、单县等十二州县修筑的
"遥堤、缕堤、格堤、太行堤、土坝等工程共长十三万多丈";在
河南荥泽、原武、中牟、郑州、阳武、封丘、祥符、陈留、兰阳、
仪封、睢州、考城、商丘、虞城、河内、武陟等十六州县所筑"遥、
月、缕、格等堤和新旧大坝长达十四万多丈"。至此,从河南荥
泽至淮安以东靠近云梯关海口的黄河两岸,都修了堤防,河道乱
流的局面基本结束。尽管此后仍不时决溢,但黄河下游经由郑州、
开封、商丘、徐州、安东入海的河道一直维持了二百余年。

28. 万历十九年（1591 年），潘季驯《河防一览》刊印成书。全书共分十四卷：卷一收集了皇帝的敕谕和黄河图说，卷二编入了他的治河主张《河议辨惑》，卷三记述了《河防险要》，卷四收录了他指定的《修守事宜》，卷五为《河源河决考》，卷七至十二为潘氏的治河奏疏，卷六及十三、十四为他人的有关奏疏及奏议。由于此书对我国 16 世纪前治理多沙河流的经验做了全面总结，三百多年来一直受到水利史研究者和治黄工作者的重视。

29. 康熙十六年（1677 年）三月，康熙赐靳辅提督军务兵部尚书兼都察院右副都御史衔，并予以节制山东、河南各巡抚的大权。四月初六，靳辅到任。次日即协同幕宾陈潢"遍阅黄淮形势及冲决要害"，历时两月。根据调查结果，靳辅提出了"治河之道，必当审其全局，将河道运道为一体，彻首尾而合治之"的治河主张。接着又连续向康熙帝上了八疏，较系统地提出了治理黄、淮、运的全面规划。

靳辅诸疏上达朝廷后，开始以军务未竣，未从所请。靳辅再上疏，除改运土用夫为车运外，同意按其计划全力进行。于是大挑清口烂泥浅引河及清口至云梯关河道，"创筑关外束水堤万八千余丈，塞于家岗、吴家墩大决口十六，又筑兰阳、中牟、仪封、商丘月堤及虞城周家堤"。特别是在清口至云梯关三百里河道施工中，"疏浚筑堤"并举，在故道内挖三道平行的新引河，名为"川字河"，所挖引河之土修筑两旁堤防。当各口堵塞水归正河后，一经河水冲刷，三河合一，迅速刷宽冲深，开通了大河入海之路，收到良好效果。

30. 康熙二十四年（1685年）九月，靳辅赴河南巡视河工，筑"考城、仪封堤七千九百八十九丈、封丘荆隆口大月堤三百三十丈、荥阳埽工三百十丈"，又修睢宁南岸龙虎山减水闸四座。

31. 雍正二年（1724年）闰四月，以嵇曾筠为副总河，驻武陟，辖河南黄河各工。当年，他督工培修"南北大堤二十二万三千余丈"，使"豫南大堤长虹绵亘，屹若金汤"。

32. 雍正七年（1729年）三月，河道总督齐苏勒卒。齐在任七年，在江南兴修了许多工程，并会同副总河嵇曾筠大修了河南两岸堤防。黄河自砀山至海口，运河自邳州至江口，"纵横绵亘三千余里，两岸堤防崇广若一，河工益完整"。雍正帝以为他的功绩可与靳辅相比；《清史稿》认为论治河功绩，"世宗（即雍正）朝，齐苏勒最著"。

33. 雍正十一年（1733年），嵇曾筠撰《河防奏议》刊印成书，共十卷。嵇氏长期担任河督，对河工十分熟悉，尤以建坝出名，史有"嵇坝"之称。此书前九卷为嵇治河奏疏，末卷专论河工建筑和水工技术，是研究清代治河工程技术的重要文献。

34. 雍正十二年（1734年），大学士舒赫德在堵复铜山县漫决时，开始用捆厢船法（顺厢）进占堵口。即在船上挂缆厢修，层土层料，使之逐层沉至河底，成为一个整体，改变了过去卷埽的施工方法。

35. 道光十五年（1835年）五月，栗毓美任东河总督。当年栗在原武汛收买民砖，抛成砖坝数十所。工刚成而风雨大至，北岸的支河（黄河汊流）"首尾皆决数十丈而堤不伤"，此为黄河上以砖代石筑坝之始。此后砖坝屡试有效，一直沿用民国年间。

36. 同治三年（1864 年）三月，直隶总督刘长佑奏称：开州、东明、长垣三州县旧有堤埝"叠被冲刷残缺，以致田庐连年水淹"。建议将上年拨给开、东、长三州县的三万两救灾银（留银六千两用于对"老弱鳏寡无依不能工作者"的抚恤），改作以工代赈，培修堤埝，"既于要工有裨而灾黎亦无虞失所"。

五月，长垣知县王兰厂奉命修筑土堰，由大车集起经由梁寨、东了墙、马坊、董寨、王庄、信寨、香李张、卜寨、孟岗、王村、刘村、香亭、燕庙、张拱辰、石头庄、大小苏庄、铁炉、王李二祭城、城隍庙、邵寨等村直至三桑园止，新堰"底宽六丈，高一丈，顶宽三丈三尺三寸，共计六十里有奇"，共用帑金三万八千两。此堰上接太行老堤，下至滑县交界，后经增培成为长垣临黄大堤。

37. 同治六年（1867 年）三月，鉴于开州金堤的实际状况，户部拨银二十万两予以加高培厚。十一月，朝廷从历年节省的防险工费中拨银十六万两，"以四万两给各厅临黄要区加帮培筑，以十二万两给各厅有工各堡尽以额拨，将应办正杂料物于岁前办足"。同时，下令"芦（长芦，今河北沧州、天津塘沽一带）商凑银五万两，东（山东）商凑银二万两，淮（两淮，江苏长江以北，淮河南北两岸地区）商凑银十万两，以顾要工"。

38. 同治十二年（1873 年）九月，乔松年奏称："查得东岸长垣县楼寨起至东明县车辆集止，旧有民埝多半残缺，向东北八十余里至菏泽县（今菏泽市）并无民埝，统计长一百三十余里。西岸自祥符县清河集至长垣县大车集无民埝，以下六十里至桑园旧有民埝亦多残缺，滑县无民埝，开州海同镇至清河头长五十里，仅十里尚存基址，其余坍塌无存，再三十里至旧有太行金堤亦无民埝，统计长一百四十余里。"为节省费用，减轻灾害，他建议"由各地方官随时体察情形，择其所急，劝谕各村庄量力相机修筑民埝"。

39. 清德宗光绪元年（1875 年）六月，山东巡抚丁宝桢奏称：自四月初旬至五月中旬，山东沿黄各地计修筑南岸长堤一百九十七里，直隶东明修筑六十余里（修培四十三里，增修十八里），培修北岸金堤一百数十里。建成南岸东明何店至菏泽新堤四十里。该堤"顶宽三丈，底宽八丈，高一丈二尺，长垣至何店二十里新堤又酌减丈尺"。次年春，再次对该堤段进行培修，达到"顶宽三丈，底宽十丈，高一丈四尺，与山东堤相同"的标准，计完成土方四十六万二千四百方，用银一万六千二百两。

40. 光绪三年（1877 年），直豫境内南北民堤修竣。南堤"自考城圈堤，经长垣至东明县谢寨长七十里，计自三月兴工，至四月告竣。"共用银五万一千两。北堤"自濮州直东交界之小新庄起经范县寿张阳谷至东阿县境止，共长三万丈有奇（约 170 里），堤身均高一丈，顶宽一丈六尺，底宽六丈，亦同时完工。合计用银十六万二千两，另填筑支河缺口、溜沟等用银一万七千两"。

41. 光绪五年（1879 年），铁谢临河一面寨垣冲毁，为保护寨内居民和河口屯运粮谷码头及汉阴后陵寝，添筑磨盘坝各工。至此，铁谢险工"增至石坝四十二道，石垛三十九座，护岸四段"。

42. 光绪十四年（1888 年）十月，东河总督吴大澂在奏疏中称：

"黄河之患非不能治，病在不治而已。筑堤无善策，厢埽非久计，其要在建坝以挑溜，逼溜以攻沙，溜入中泓，河不着堤，则堤身自固，河患自轻。"他在总结多年河工经验后认为，要实现"建坝以挑溜"必须重视石坝建设。同时，抢险时多用石料也非常关键，认为"水深溜急时抛石以救急，其效十倍于埽工，以石护埽，溜缓而埽稳"。

43. 光绪十六年（1890年）二月至五月，培修濮州、范县，寿张、阳谷、东阿五州县金堤长"一百一十四里一百三十八丈，今加宽六丈，加高八尺，收顶二丈五尺，共用土一百四十八万七千三百余方，合银二十三万六千余两"。金堤接筑"十八里，今加宽三丈，加高四尺，收顶二丈五尺，共用土十三万六千余方，合银二万一千五百两"。培修濮州至范县临黄堤长"九十二里一百五十五丈，今加宽三丈，加高五尺，收顶二丈五尺，共用土六十四万七千七百余方，合银十万零二千八百余两"。培修寿张至阳谷临黄堤长"五十一里三十四丈五尺，今加宽三丈，加高四尺，收顶二丈五尺，共用土三十五万九千三百余方，合银五万七千余两"。

44. 民国五年（1916年）春，地方集资在温县境内原修有民埝长22千米的基础上，加修上起孟州中曹坡，下至温县范庄，全长38千米，顶宽9米，高2米，名为"温孟大堤"，并改归官守。

45. 民国九年（1920年），孟津县集资，以工代赈，在清末已修工程的基础上筑成民埝一道，自牛庄至和家庙，长7.6千米，称为"铁谢民埝"。次年，河南河务局投资，对此埝加高培厚，至民国 20 年改为官守。

46. 民国十年（1921 年），河南灾区救济会（后改为河南华洋义赈会）以工代赈，由封丘贯台附近鹅湾至长垣大车集修埝一道，工程修至吴楼计长 12.5 千米时，南岸兰封（今兰考）群众反对，遂告中止。附近群众称这段堤为"华洋民埝"。至民国 22 年大水，"华洋民埝"全线漫溢。民国 24 ～ 25 年，黄河水利委员会和河南、河北两省建设厅决定将此民埝加高培厚，并延长至长垣孟岗，名为"贯孟堤"，实际只修到姜堂，计长 21.12 千米。

47. 民国二十三年（1934 年）5 月 9 日，黄河水利委员会公布《黄河防护堤坝规则》，全文 20 条。规定："黄河沿岸堤坝，由黄河水利委员会指挥河南、河北、山东三省河务局负责防护，依本规则执行。"并对汛兵招募、防汛岁修、沿河民众责任、堤防交通等作了详尽规定。

48. 民国二十三年（1934 年）5 月 16 日，河北省黄河善后工程处会同东明、长垣、濮阳 3 县政府，征雇民夫，动工修筑河北黄河堤防，7 月下旬先后竣工。共完成堤防培修 129 千米，土方 97 万立方米，投资 70 万元，其中长垣石头庄至大车集 30 余千米培修工程，由黄河水灾救济委员会工赈组修筑。

49. 民国二十三年（1934 年），北金堤培修工程竣工，完成高堤口至陶城铺 83 千米堤防，培修土方 137．4 万立方米。次年春夏间，再次培修北金堤。完成滑县西河井至陶城埠 183．68 千米堤防，堤顶超 1933 年洪水位 1．3 米，顶宽 7 米，内外边坡 1：3，实做土方 165．09 万立方米，用款 35 万元。此后，又连续三年对北金堤进行部分培修。

50. 民国二十四年（1935 年）3 月 28 日，黄河水利委员会在开封召开培修豫、鲁、冀三省大堤紧急工程及金堤工程会议，计划对民国 22 年大水中出险堤段、薄弱堤段进行培修加厚，议决大堤紧急工程 9 项。会议前后，这些工程项目相继开工。长垣石（石头庄）车（大车集）段大堤培修工程，3 月 21 日开工，7 月 3 日竣工。东明刘庄及濮阳老大坝整理工程，4 月 30 日开工，7 月 31 日完工。培修兰封小新堤护岸工程分两期施工，第一期于 5 月 24 日开工，8 月 2 日竣工，第二期于次年 4～6 月修竣。两期共挖填土方各 3 万立方米，用块石 1.7 万立方米，用款 11.8 万余元。中牟大堤护岸工程，5 月 19 日开工，9 月完成。开封陈桥（今属封丘）以东大堤培修工程，7 月 2 日开工。沁河口西护岸工程分两期实施，第一期 7 月 16 日开工，10 月 16 日竣工，第二期次年 4 月 25 日开工，7 月 17 日竣工。共修沁河口西滩地护岸长 4700 米，用石 2.71 万立方米，投资 13.24 万元。

51. 民国二十七年（1938 年）7 月，黄河水利委员会会同河南省政府及其他有关部门组织成立防泛新堤工赈委员会，自广武李西河黄河大堤起，至郑县圃田镇东唐庄陇海铁路基止，修新堤长 34 千米，名为"防泛西堤"。次年，又由河南省政府会同黄河水利委员会及其他有关部门组织成立"续修黄河防泛新堤工赈委员会"，续修防泛西堤。5 月开工，7 月底完成郑县至豫皖交界界首集新堤 282 千米，两次共修新堤 316 千米，投资约 70 万元。堤高 1.5～3 米，顶宽 4～5 米，临河堤坡 1∶1.5，背河 1∶2.5。

明确此堤"既是河防，又是国防"，沿堤险要处均筑有防御工事，并派军驻守。堤成后，河南修防处分别在尉氏寺前张、扶沟吕潭、淮阳水寨设立防泛新堤一、二、三修防段，负责修守。

52. 民国三十年（1941 年）4～8 月，河南修防处在日军的飞机、炮火骚扰下，按高出上年洪水位 2 米、顶宽 6 米的培修标准，对防泛新堤及部分黄河旧堤组织实施了修复工程。第一修防段培修堤防 97.85 千米，完成土方 135 万立方米；第二修防段完成 89.52 千米，土方 121 万立方米；第三修防段完成 84.39 千米，土方 42 万立方米。三个修防段总计培修堤防 271.76 千米，完成土方近 300 万立方米，同时修筑了一批埽坝护岸及排泄背河积水工程。

53. 民国三十五年（1946）5 月 26 日，渤海解放区动员 19 个县的 20 万民工开工复堤，各县指挥部说服群众麦收期间不停工，争取 7 月 15 日前完成复堤工程，以抵御洪水的袭击。6 月 1 日冀鲁豫边区行政公署命令沿黄故道各专署、县政府、修防处、段，立即动员和组织群众即日开工，将堤上獾洞、鼠穴、大堤缺口等修补完毕，在旧堤基础上加高 2 市尺，堤顶加宽至 2 丈 4 尺。截至 7 月，两解放区共完成土方 1230 万立方米。

54. 民国三十六年（1947 年）3 月 15 日晨 4 时，花园口堵口合龙，4 月 20 日闭气，黄河回归故道。5 月堵口工程全部完成。计用柳枝 1 亿 1 百万余斤，秸料 4130 万斤，片石 20 万立方米，麻绳 223 万余斤，大小木桩 21 万余根，铅丝 28 万余斤，做土方 301 万立方米，人工 300 多万工日。

55.民国三十六年（1947 年）5 月，解放区人民在中国共产党领导下，掀起了修堤整险新高潮。"5 月 10 日，30 万人组成的治黄大军开上了黄河大堤，开展了复堤劳动竞赛。各县还掀起了献石献砖献料的群众运动，自愿献出了大量急需的治黄料物、器材。至 7 月 23 日，西起长垣大车集、东至齐河水牛赵，长达600 千米的大堤（包括金堤）普遍加高 2 米，培厚 3 米，共修土方 530 万立方米。"为了加强险工，群众献石献砖 11.2 万立方米。

56.民国三十六年（1947 年）11 月 20 日，冀鲁豫解放区黄河安澜大会在观城县北寨村召开，总结人民治黄以来的成绩。共计修复两岸临黄堤和金堤 900 千米，完成土方 1009 万立方米，群众献出砖石 15 万立方米，造船 216 艘，集运秸料和柳枝 2250万千克，麻 80 万公斤，木桩 16.5 万根，翻修破旧坝垛 479 道，整修砖石护岸 559 道，动员复堤群众 30 万人，冀鲁豫参加复堤的有 22 县，冀南 5 县。总计支出小米 526 万千克，小麦 449万千克，柴草 1748 万千克，冀钞 31 亿元，另外沿河人民担负治黄小米 1000 万千克,确保了大堤的安全,配合刘邓大军渡过黄河,支援了解放战争。

57.1950 年 3 月上旬平原河务局封丘段工人靳钊，把过去在黄河滩用 8 号钢丝锥找煤块的技术，用于锥探堤身隐患取得成功。之后原阳修防段职工 1952 年试验成功的大锥亦逐步得到推广。从此，黄河下游全面开展了锥探大堤消灭堤身隐患的工作。

58.1957 年，黄河第一次大复堤结束。从 1950 年开始，经过 8 年时间，完成复堤土方 11525 万立方米。复堤标准：南岸临黄大堤郑州上界至兰考东坝头，超出秦厂 25000 立方米每秒洪水位 2.5 米，北岸临黄大堤长垣大车集至前桑园 30 公里一段超出洪水位 3 米，其余堤段均超洪水位 2.3 米。堤顶宽：濮阳孟居至濮阳下界为 9 米，其余堤段为 10 米。临背河坡度均为 1:3。山东河段设防标准为防御泺口站 8500 立方米每秒洪水。

59. 三门峡工程建成前后，曾一度放松了下游修防工作，防洪能力有所下降。三门峡水库由"蓄水拦沙"改为"滞洪排沙"运用以后，为继续加强防洪工程，从 1962 年冬至 1965 年 12 月历经 4 年进行了下游堤防的第二次大培修。这次工程主要以防御花园口站洪峰流量 22000 立方米每秒为目标，按照 1957 年的堤防标准，培修临黄大堤和北金堤 580 千米，整修补残堤段 1000 千米，一些比较薄弱的险工坝岸工程也进行了重点加固，共完成土石方 6000 万立方米，实用工日 3721.99 万个，投资 8146.19 万元。

60. 1981 年 3 月 14 日，沁河杨庄改道工程动工。该工程分两期施工，第一期工程包括堤防、护岸、迁安等项目，第二期包括武陟沁河公路桥、赵庄引黄工程等。1981～1982 年安排第一期工程，1982～1983 年安排第二期工程。工程施工由河南河务局负责，群众搬迁由武陟县负责。河南河务局组织施工总队、测量队、电话队，新乡和安阳铲运机队、新乡灌注桩队，武陟第一、二修防段共 900 多人，出动施工机械 135 台，其中铲运机 76 台，自卸汽车 27 部，挖装机械 7 台，碾压推土机 25 台投入施工。至 1982 年 7 月 20 日第一期工程竣工，完成新右堤长 2417 米，新左堤长 3195 米，左堤险工 1640 米，坝垛护岸 23 道，改道后河宽扩大至 800 米。共做土方 310.19 万立方米，石方 4.89 万立方米。第二期工程沁河公路桥于 1982 年 3 月下旬开工，1983 年 5 月 20 日竣工。两期总计完成土方 353.6 万立方米，石方 6.35 万立方米，混凝土 11630 立方米，工日 58.8 万个，工程用地 3800 亩，适移人口 4675 人，投资 2836 万元，较水电部批准概算节约约 70 万元。1984 年 9 月，该工程荣获国家优质工程银质奖。

61.1985 年，黄河下游第三次大复堤竣工。该工程自 1974 年开始，按防御黄河花园口站 22000 立方米每秒洪水的标准，制定 1974 ～ 1983 年防洪水位及防洪工程规划。在规划实施过程中，结合实际有所调整。如沁河口以上堤段取消加高任务，沁河口至铁桥堤段调增水位 0.8 米，渠村闸以上增加前戗 10 米宽。由于工程调整，工程实施从原来的 1983 年推延至 1985 年，10 年规划 12 年完成。1986 年 4 月由黄委正式通过竣工验收。实际完成投资 110811.13 万元，其中河南河务局完成 41359.69 万元，山东河务局 58054.55 万元，黄委其他直属单位完成 11396.89 万元。完成主体工程的填筑土方 37526.55 万立方米、石方 395.35 万立方米、混凝土 19.95 万立方米，放淤固堤土方 34104.00 万立方米。

62.1990 年 9 月 25 日，黄委印发《关于修改花园口、柳园口、泺口险工堤段美化绿化规划的通知》，明确规划的指导思想为：在保证防洪安全、发挥工程效益的前提下，把花园口、柳园口、泺口建设成为介绍黄河的历史与发展，宣传人民治黄的伟大成就，弘扬黄河精神，展示黄河防洪兴利工程建设和管理基本模式的窗口，因地制宜地搞好绿化、美化，为三市（郑州、开封、济南）人民各添一处观光游览场所。要求规划以美观、大方、质朴、适用为原则，不追求形式，不搞大型亭台楼阁建筑，可建设必要的展室、纪念碑、少量石雕小品及必要的公共设施。

63.1990 年，国家投资黄河下游防洪基建 1.59 亿元，较往年增加近一倍。截至 12 月中旬，共完成土方 2369 万立方米，石方 37.83 万立方米。其中堤防加培加固土方 346 万立方米、放淤固堤 1049 万立方米，大堤压力灌浆 63.6 万眼，新建河道整治工程坝垛 94 处，帮宽裹护加固 46 处坝岸，改建 10 座涵闸。

64.1995 年 10 月，《黄河宁夏段河道治理可行性研究报告》在银川通过水利部审查。规划治理河段长 266.74 千米，涉及 3 个地区（市）、12 个县（市、区），主要内容包括河道整治、堤防建设、通信建设及工程管理等。

65.1995 年 11 月 27 日~30 日，水利水电规划设计总院在北京主持召开审查会，对黄委设计院完成的《黄河下游 1996 年至 2000 年防洪工程建设可行性研究报告》进行审查。会议听取了黄委设计院的汇报，并进行研究讨论，认为根据黄河下游情况提出的可行性研究报告，基础资料翔实，拟订的黄河下游孟津白鹤至垦利渔洼的重点防洪工程建设项目合理、现实，基本同意此报告。

66.1996 年 11 月 21 日，金堤河治理工程正式开工。该工程是国家农业开发办公室项目，1993 年立项，投资 2.1 亿元。工程包括干流河段清淤，清淤开挖 131.3 千米；南北小堤加培，全长

103 千米；干流河道增建生产交通桥 8 座；新建涵闸 2 座。

67.1997 年 5 月 1 日，黄河五原三苗村险工整治加固工程开工。该工程是黄河内蒙古段防洪防凌治理规划中第一期工程 8 座险工之一。为保护总干渠、包兰铁路、110 国道，京、张、银、兰光缆等国家重要交通、通信干线及 101 万亩耕地 27.2 万人的安全，水利部将三苗村至复兴大坝河道整治工程列为内蒙古河段治理的第一项工程，下达投资 300 万元。黄委以黄河务〔1997〕15 号文批复初设，内蒙古自治区水利厅以内水建〔1997〕22 号文进行批复，治理长度 2236 米，结构为铅丝石笼裹护，总投资 898.6 万元，国家补助 540 万元，其中自治区投资 180 万元，其余由盟、县筹集。该工程项目法人单位为河套灌溉管理总局，由五原县水利局组织施工，6 月竣工，新建与加固护岸坝垛 40 座，护档 21 处，完成铅丝石笼 4.3 万立方米，编织布土枕 2.7 万立方米，回填土方 3.1 万立方米，用工日 2 万个，完成投资 757 万元。

68.1998 年 9 月 21 日，黄河水利委员会主任鄂竟平在郑州市中牟县赵口险工下达黄河防汛工程专项资金建设项目开工令，宣布 1998～1999 年汛前项目全面开工。这些项目包括山东、河南两省的黄河堤防工程、河道工程、防浪林工程、河口治理工程及堤防道路、滩区、蓄滞洪区安全建设等。本年长江、松花江、嫩江洪水过后，国家决定增加中央财政预算内专项基金 254 亿元，用于水利基础设施建设，其中第一批 200 亿元，黄河流域占 18%。按照计划，1998～1999 年汛前用于黄河下游防洪工程建设的一期工程投资 6.55 亿元，其中河南河务局 3.275 亿元、山东河务局 3.275 亿元、小北干流河道整治为 1.5 亿元。

69.1998 年 12 月 7 日～26 日，黄委对所属河道管理单位土地确权划界工作进行验收。黄河水利工程管理范围内土地确权划界工作自 1989 年开展。据统计，截至 1998 年 12 月，黄委直管河段的河道长度约 1000 千米（包括黄河下游、黄河小北干流及部分支流河道），共有各类堤防长度 2262 千米，险工、护岸、控导、护滩工程 421 处，各类水闸工程 124 座（不包括沁河涵闸）。黄河各类工程应确权土地 1401 宗、面积 49.13 万亩，其中各类工程占压土地 32.3 万亩、工程管护地 15.75 万亩、管理单位生产生活用地 1.08 万亩。已完成确权划界土地 1391 宗、土地面积 46.68 万亩。

70.1999 年 1 月 19 日，黄委组织委属有关单位的专家，对黄河下游堤防断面测量成果进行验收。黄河下游堤防断面测量是由黄委设计院、河南河务局和山东河务局共同承担的，黄委规划计划局统一组织协调实施。该成果首次采用统一高程基准统测。本次测量共完成大堤测量 1937 千米，实测断面 2635 个，并建立了下游堤防横断面数据库。

71.1999 年 6 月 30 日，黄河下游堤防查险报险专用移动通信网全线开通。该移动通信网是专为满足下游堤防查险报险要求而建的。该网建有 18 个基站，覆盖范围纵向为河南省孟津县黄河堤防的起点至黄河入海口，横向为两岸大堤各 20～30 千米。该系统由黄委通信管理局设计，采用台湾东讯有限公司的主设备。

72.2000 年 12 月，从 1998 年开始的黄河宁夏段治理工程基本完工。共完成黄河堤防 420 千米，土方 250 万立方米，全区沿黄 12 个县（市）新建、改建穿堤建筑物 336 座。2000 年完成土方 67 万立方米、石方 16.6 万立方米，抛投四面体 5.9 万立方米，共完成投资 10331 万元。

73.2001 年 4 月，黄委编报了《黄河下游 2001 年至 2005 年防洪工程建设可行性研究报告》（以下简称《十五可研》），并通过水规总院审查和中咨公司的评估，总投资 127.34 亿元。黄委随后对《十五可研》部分单项工程编制了初步设计，并通过了相应审查，2001 ~ 2004 年实际安排投资 41.37 亿元。

2001-2004 年共完成大堤加高帮宽 169.056 千米、放淤固堤 562.411 千米、截渗墙 26.730 千米、堤顶防汛路 449.068 千米、防浪林 279.344 千米；险工改建坝垛 902 道，河道整治新建、续建 18.00 千米，东平湖大清河堤防加固 7.65 千米；沁河下游堤防加高帮宽 53.485 千米，险工改建坝垛 107 道。

74.2003 年，黄委根据国家计委"关于作好亚行贷款北部防洪项目准备的通知"，编报了《亚行贷款项目—黄河下游防洪工程建设可行性研究报告》（以下简称《亚行可研》），总投资 27.10 亿元。《亚行可研》共完成放淤固堤 98.70 千米、截渗墙 4.97 千米、堤顶防汛路 66.415 千米、防浪林 58.802 千米；险工改建坝垛 555 道，河道整治新建、续建 24.357 千米，东平湖围坝加固 77.829 千米。

75.2003 年 11 月，中国国际工程咨询公司组织专家对《十五可研》进行了评估，根据评估意见，扣除亚行贷款项目安排和

"十五"前期安排的单项工程,于 2004 年 4 月编制完成了"十五"后期建设项目的可研报告,并据此分别编制了 2005 年度、2006 年度和 2007 年度实施方案,三个年度实施方案总投资为 36.96 亿元。

三年实施方案共完成大堤加高帮宽 539.938 千米、放淤固堤 164.477 千米、堤顶防汛路 370.383 千米、防浪林 100.613 千米;险工改建坝垛 134 道,防护坝 18 道,河道整治新建、续建 15.490 千米,控导加高加固 78 道。沁河下游堤防加高帮宽 20.00 千米、堤防加固 4.045 千米,险工改建加固 199 道,险工新建、续建 18 道。东平湖围坝加固 77.829 千米。

76.2004 年 10 月 12 日,原阳堤防道路 I 标段堤顶硬化工程最后一道工序摊铺完成。至此,河南黄河堤防硬化道路建成,实现全线贯通。河南黄河堤防硬化道路全长 459.708 公里,全部按照平原微丘三级公路标准建造,工程累计投资近 3 亿元。该工程于 2002 年 9 月至 2003 年汛前展开大规模建设。

77.2005 年 4 月 28 日,河南黄河南岸总长 159.162 千米的标准化堤防全线建成。该项工程于 2003 年 4 月在郑州惠金河务局展开试点建设,2004 年 1 月全面开工。累计完成土方 6177.86 万立方米、石方 24.98 万立方米,迁安人口 1.8 万人,拆迁房屋 51.56 万立方米,工程永久占地 1.8 万亩,植树 240.35 万株,完成投资 14.65 亿元。

78.2006 年 12 月 25 日,河南黄河第二期标准化堤防开工仪式在武陟举行,河南省省长李成玉宣布正式开工建设,黄河水利委员会主任李国英、河南省副省长刘新民分别讲话。河南黄河第二期标准化堤防工程建设范围主要集中在河南黄河北岸焦作市武陟沁河口至濮阳市台前张庄之间，涉及河南焦作、新乡、濮阳3市7县，堤防全长152公里，总投资18亿元。

79.2007年1月9日，黄委制定出台了《黄河堤防工程管理标准（试行）》，共7章36条，对堤防的管理、保护、监测和现代化建设赋予了新的详细规范。

80.2008年11月21日，山东济南黄河标准化堤防工程荣获2008年度中国建设工程鲁班奖。

81.2011年12月，国家发展和改革委员会对《黄河下游近期防洪工程建设可行性研究》进行了批复。据此编制的《黄河下游近期防洪工程建设初步设计》（以下简称《近期初设》）于2012年经水利部审查后实施。

《近期初设》共安排大堤帮宽120.302千米、放淤固堤134.904千米、截渗墙5.134千米、堤顶防汛路65.802千米、防浪林26.921千米；险工改建坝垛228道，河道整治新建、续建和改造6.541千米，控导加固3处、52道坝垛；沁河下游堤防加固4.783千米；东平湖二级湖堤加高加固长度20.081千米，扩建庞口闸，提高退水入黄能力。

82.2013年11月21日，水利部水规总院印发金堤河干流河道治理工程（黄委管辖工程）可行性研究报告审查意见，标志着该可研报告正式通过水利部审查。本期金堤河干流河道治理工程主要包括：堤防防渗处理8处共3.21千米，堤基防渗3处共1.92

千米，堤坡防护 6 处共 15.895 千米；穿堤建筑物拆除重建 2 座，拆除封堵 2 座，维修加固 2 座；险工改建加固 11 处 118 道坝垛；堤顶道路新建 35.94 千米，翻修 60.41 千米等。

83.2014 年 4 月，沁河下游河道治理工程可研报告报发改委申请立项。工程主要建设内容为：加高培厚（帮宽）干流堤防 36.282 千米；加高培厚（帮宽）沁河支流丹河回水段堤防 2.009 千米；新建压渗平台和截渗墙 90.374 千米；修建沥青混凝土路面堤顶道路 143.746 千米；拆除重建 16 座涵闸，拆除封堵 2 座涵闸；续建 5 处险工、坝垛 44 道，长 3.023 千米；改建加固 34 处险工，坝、垛、护岸共 428 道。工程静态总投资 9.7 亿元，施工总工期 36 个月。

84.2014 年，黄河设计公司编制完成了《黄河下游"十三五"防洪工程建设可行性研究报告》（以下简称《十三五可研》），水利部于 2015 年 2 月审查通过后，将报告更名为《黄河下游防洪工程可行性研究报告》，以水规计 [2015]95 号文报送国家发展改革委。国家发展和改革委员会于 2015 年 8 月 28 日以发改农经 [2015]1957 号文对《十三五可研》进行了批复。2015 年 12 月，水利部以水规计 [2015]536 号文批复《黄河下游防洪工程初步设计》（以下简称《十三五初设》），总投资 66.99 亿元。

《十三五初设》共安排堤防加固 242.295 千米（其中放淤固堤长 200.176 千米，临河修筑新堤长 21.515 千米，截渗墙加固 20.604 千米），防浪林 80.323 千米；4 处穿堤建筑物处理（麻湾闸、章丘屋子闸、豆腐窝闸和马山头涵洞）；山口隔堤土石结合部截渗墙加固（5 段 1.450 千米）。共安排险工改建加固 25 处、坝垛 731 道。安排控导工程新续建 35 处，工程长度 19.068 千米，其中续建 34 处、长 18.338 千米；新建 1 处（胜利控导）、长 0.730 千米；安排控导工程改建加固 14 处（含 3 处险工）、坝垛（岸）235 道。

附录三
人民治黄以来下游堤防增高了多少

　　谈及人民治理黄河以来下游临黄大堤增高了多少，是个值得讨论的话题。原因有二：一是至今没有资料述及此问题，缺具体数据；二是提到堤防培修时，多以当时的复堤标准和完成土方来记述，鲜有加高多少的表述。

　　堤防增高多少，是一个最直观的数据，有关文献资料提到的少，或干脆不提，可能与不同堤段加高的程度不同，不便统一统计有关。如据实测，开封夹河滩断面上下，2012 年与 1952 年相比左堤增高 5.7 米，右堤增高 5.0 米；台前孙口断面，2012 年与 1960 年相比左堤增高 4.1 米，右堤增高 4.7 米；郑州花园口断面，2012 年与 1954 年相比左堤增高 2.5 米，右堤增高 3.9 米。然而，要弄清人民治理黄河以来，下游大堤大概增高多少，还是可以通过对各类文献不同记述的分析而获得。

　　堤防是黄河防洪的重要屏障、主要工程措施，人民治理黄河以来历经多次培修、加固。特别是标准化堤防工程实施后，两岸临黄大堤已成为举世闻名的"水上长城"。堤防培修工程的项目之一，就是按当时的设防标准加高大堤。综合有关文献记载，大堤达到现有高程，主要是在解放战争时期和 1985 年前的三次大复堤中完成的，累计增高约 5 ~ 8 米。

　　首先，让我们来分析、了解解放战争时期的堤防加高情况。自 1946 年人民治理黄河开始，至 1949 年中华人民共和国成立的 3 年多时间，是黄河下游大堤增高最快的时期之一，合计加高约 3.7 米。1946 年，为粉碎国民党利用花园口堵口、水淹解放区的阴谋，冀鲁豫和渤海解放区人民在共产党的领导下，"一手拿锨，一手拿枪"，先后进行了两期复堤工程，使下游堤防普遍增高 1 米左右。该阶段，冀鲁豫解放区的复堤标准为：沿黄"各县暂按旧堤加高 0.67 米，堤顶加宽至 8 米执行"；渤海解放区规定的复堤任务要求："沿河大堤普遍加高 1 米"。至此，昔日低矮而又千疮百孔的黄河大堤得到初步恢复。

　　1947 年 3 月 15 日花园口堵口工程合龙。为迎接黄河归故后的第一场洪水，是年春冀鲁豫和渤海解放区再次组织了大规模的复堤工程，数百千米大堤在去年的基础上又增高 2 米左右。冀鲁豫解放区按照 1935 年最高洪水位超 0.5 米的标准，完成了河南长垣大车集至山东齐河水牛赵 300 余千米堤防的培修，"大堤普遍加高 2 米，培厚 3 米"；按照高出 1937 年洪水位 1 米的标准，渤海解放区复堤、整险 300 多千米。1948 年春修工程完成后，冀鲁豫解放区沿河堤防"堤高普遍超出 1935 年最高水位 1.2 米"。对黄河大堤连续 3 年的大规模培修加固,为战胜 1949 年秦厂站 12300 立方米每秒洪水奠定了基础。

鉴于 1949 年黄河防汛的深刻教训和所暴露出的突出问题,在新中国成立之初,黄委又组织实施了历时 8 年的第一次大规模堤防培修工程。由于堤防加高的标准取决于黄河洪水的防御标准,因此,这一时期随着对黄河洪水认识的逐步清晰,防洪标准以及堤防工程加高的标准也时有变化,各不相同。1951 年,河南省大堤加高标准为超过 1949 年洪水位 4 米,平原省为高出 1949 年洪水位 2 ~ 2.5 米;山东堤段为保证泺口站流量 9000 立方米每秒不发生溃决,南岸自济南至高青刘春家险工,堤顶超高为 2 米,滨县以下超高 1.5 米。1952 年,平原省规定:南岸自东明小温庄至高村堤顶高出 1949 年洪水位 2.8 米,高村至梁山十里堡高出洪水位 2.5 米。山东省将工程标准改为防御泺口站流量 8500 立方米每秒,堤顶一律超过 1949 年洪水位 2 米。1955 年又提出新的堤顶超高标准:南岸郑州至兰考东坝头超出秦厂站 25000 立方米每秒洪水位 2.5 米,北岸长垣大车集至前桑园 30 千米堤段超洪水位 3 米,其余堤段均超洪水位 2.3 米。1957 年第一次大复堤完工,1958 年即遭遇了花园口站 22300 立方米每秒的特大洪水,千里堤防经受住了最严峻的考验。

1965 年底,历时 4 年的第二次大规模堤防培修工程完工,580 千米临黄大堤和北金堤,按防御花园口站洪峰流量 22000 立方米每秒的设防标准得到培修,整修补残 1000 千米。1985 年底,第三次大堤加高培厚工程完成，计培修堤防 1300 千米，两岸临黄大堤平均加高 2.15 米。

三次大复堤后形成的黄河下游大堤一般高 7 ~ 10 米，最高达 14 米（原阳堤段），与 1949 年相比平均增高约 4 米；临背河地面高差 3 ~ 5 米，最大 10 米以上（开封大王潭），堤顶宽 7 ~ 15 米；临背边坡，艾山以上 1∶3，艾山以下临河边坡为 1∶2.5，背河为 1∶3。

1996 年后，又组织实施了第四次堤防培修工程。如 1998 ~ 1999 年，按防御花园口站洪峰流量 22000 立方米每秒的设防标准，主要对长垣、濮阳、范县和台前 4 县的 160 千米堤防，进行了加高培修（这些堤段，堤顶高程与按 2000 年水平年设计洪水水位确定的堤顶高程相差均在 0.5 米以上）。至 2000 年底，黄河下游堤防高度不足的堤段由 1995 年底的 897 千米减为 340 千米，堤防抗渗能力不足的堤段由 650 千米减为 385 千米。

"海口日远，运口日高"，这是清代有识之士对黄河河道溯源淤积的认识。只因"善淤"，才致使黄河历史上的"善决、善徙"。当今，如不高度重视黄河泥沙问题的处理，随着河床的不断淤积抬升，在下游河道不变的情况下，唯有继续加高大堤，方能满足防洪保安的需要。这也是我们重视研究解决泥沙问题的根源所在。

附录四

河南黄（沁）河堤防的
历史沿革与现状

河南境内黄（沁）河堤防总长 885.3 千米。其中，黄河两岸大堤长 724.87 千米，包括临黄堤长 524.7 千米（含三义寨渠堤 3.4 千米），北金堤长 75.2 千米，贯孟堤长 21.1 千米，太行堤 44 千米，孟津堤 7.6 千米，防护堤 9.7 千米（见附表）。目前，已建成标准化堤防近 700 千米。

另外，温孟滩防护堤长 39.969 千米（按惯例尚未计入河南黄沁河堤防总长）。

一、古黄河堤

堤防作为防御洪水的重要工程措施，是何人发明的已无从考证。但他起源于春秋战国时期，史籍中却有较为明确的记载。如《管子·度地》篇中有"下则堤之"的记述。《汉书·沟洫志》中也有"盖

河南黄河堤防长度统计表

岸别	堤名	起止地点	长度（km）	堤顶宽（m）
南岸	临黄大堤	郑州邙山根—兰考岳砦	157.22	8—19
南岸	三义寨渠堤	临黄堤至梁圪	3.410	10
南岸	孟津堤	牛庄—小梁村	7.600	8
北岸	临黄堤上段	孟县中曹坡—封丘鹅湾	170.881	8—15
北岸	临黄堤下段	长垣大车集—台前张庄	194.485	9—11
北岸	贯孟堤	封丘鹅湾—长垣姜堂	21.123	5—8
北岸	太行堤	长垣大车集—延津魏丘集	44.000	4—5
北岸	北金堤	濮阳南关—高堤口	39.936	8
北岸	防护堤	京广铁桥北头—北裹头	9.736	8—15
北岸	温孟滩防护堤	孟州市逯村—温县大玉兰	42.56	8
合计			690.96	

堤防之作，近起战国"的说法。

　　黄河堤防有着古老而悠久的历史。翻开治河典籍，历朝历代治理河患从来没有离开过修缮和加固堤防。特别是明代著名治河专家潘季驯提出"筑堤束水，以水攻沙"的治黄方略后，世人更是把筑堤视为治黄的首要举措。但由于黄河灾患严重，下游决口改道频繁，加之人为因素，古有堤防已十分罕见。就是有，也残缺不全，难觅其形。而能够在原有堤基上进一步加固，让其继续发挥作用的古老堤段也不多见，且以明清居多。

　　河南地处黄河下游，灾患尤为严重。黄河的决口改道绝大多数（三分之二以上）发生在其境内，大的改道则全部发生在此。因此，境内的堤防兴废尤为频繁、严重。据调查，唐宋以前所修的堤防目前已基本绝迹。现依据史料和黄委 1984 年调查，对古黄河堤情况分述如下：

西汉堤防。左堤：起自河南武陟，经获嘉、新乡、卫辉、滑县、浚县、内黄，入河北大名，又经馆陶、临清至德州北止，长达数百公里。右堤：起自河南原阳，经延津、滑县、浚县、濮阳、清丰、南乐，入河北大名东境，又经馆陶入山东冠县，至今平原县西止。

千余年来，由于河道变迁，长期废置，据 1984 年调查，西汉堤防左堤现仅存残堤 7 处，右堤 5 处，难见其形。

东汉堤防。左堤：起自河南清丰吴堤口村，止于山东莘县武堤口村，现仅有上段 40 余千米保存较好。右堤：起自濮阳城南，经山东莘县，止于阳谷金斗营。此堤在清光绪元年（1875 年）增修后，改作黄河北岸遥堤。1951 年改作北金堤滞洪区的围堤。

明清堤防。左堤：现尚存两段。一是河南延津县胙城至江苏丰县故堤。此堤为明弘治七年（1494 年）副都御史刘大夏主持修建。起自河南延津县北胙城，"历滑县、长垣、东明、曹州、曹县抵虞城，凡三百六十里"，又称"太行堤"。清咸丰五年，河决铜瓦厢，中间一段被河水冲毁，今存上下两段。上段起自河南延津县胙城，过封丘，至长垣大车集。其中，延津魏丘集至大车集的 44 千米堤防，1956 年开始予以加修，以防止黄河自天然文岩渠入黄口倒灌北溢。下段起自山东东明县阎家潭，经曹县、单县，止于江苏丰县五神庙。二是河南兰考至江苏滨海故堤。起自河南兰考袁寨，经山东曹县、河南民权，再入曹县，过山东单县、安徽砀山，入江苏省。此堤原与今河南武陟马营至贯台段黄河北堤和兰考雷集至谷营段黄河南堤为一整体，其中封丘于店至兰考小宋集段为明刘大夏主持修建，其余为明正德后陆续增修完成。铜瓦厢决口后，贯台至今东坝头一段为河水所冲失。

右堤：起自河南兰考三义寨，经民权、商丘、虞城，入安徽砀山、萧县，再入江苏铜山、睢宁、宿迁、泗阳、淮阴、淮安、阜宁，止于滨海。此堤主要是明嘉靖、隆庆年间所修，隆庆之后也有增筑，清乾隆年间又有所变化。今兰考三义寨以东河渠至商丘吴楼西，仍存一段故堤。

二、河南黄河堤防沿革

河南黄河下游现行河道，是由三个不同时代的河段形成的。自孟津至武陟沁河口，是古代的禹河故道；自沁河口至兰考东坝头，为明清时期的老河道；东坝头至台前县张庄，是清咸丰五年（1855 年）黄河在兰阳铜瓦厢决口改道后的新河道。河南黄河除南岸孟津以下至郑州京广铁路桥为邙山山麓无堤外，其余两岸大堤主要是在明、清两代的堤防基础上逐步修建起来的。

（一）右岸堤防。有三段，全长 166.9 千米

1. 孟津堤。自牛庄至和家庙，长 7.6 千米，原是清同治十二年（1873 年）及其以后陆续修建的民埝，最初只为保护汉光武帝陵。光绪五年（1879 年），又增修铁谢镇阴后陵石坝。民国九年（1920年），以工代赈，修土埝长约 8 千米。民国二十年（1931 年），河南河务局投资沿旧有民埝自铁谢大王庙起至花园镇间 12 千米，

进行加高培厚。1938 年始改为官堤。

2. 郑州至兰考三义寨大堤。创修于明嘉靖中期。郑州保合寨以上原无堤防，1946 年、1955 年和 1976 年 3 次向西延修之后，堤工始与邙山山脚接近。

3. 兰考小新堤。黄河在铜瓦厢改道后，原来向南流的老河身并未堵筑。为防河水南溢，民国三年（1914 年），曾在老河身修南北小堤一道，与上下大堤相连，长约 1.85 千米，称为小新堤。民国二十年（1931 年）、二十二年（1932 年）黄河曾两次在此漫溢决口。解放后经历次培修，已成为南岸临黄大堤的组成部分。东坝头至谷营约 13 千米的临黄大堤，是利用铜瓦厢改道前北岸的一段老堤筑成。谷营以下至兰考下界的堤工，是在过去考城民埝基础上加修而成。

（二）左岸堤防。有四段，全长 515.4 千米

1. 自孟州市中曹坡经温县、武陟、原阳至封丘鹅湾，长170.9 千米，为临黄堤。鹅湾以下至长垣姜堂长 21.1 千米，称为贯孟堤。

2. 自长垣大车集经濮阳、范县至台前张庄长 194.5 千米，为临黄堤。大车集以上到延津魏丘集 44 千米称太行堤。贯孟堤与长垣大堤之间，相距 6~10 千米，其间有天然文岩渠经长垣至濮阳渠村汇入黄河。

3. 自濮阳南关至高堤口，长 39.94 千米，为滞洪区内的北金堤。

4. 自京广铁路桥北端至北裹头，长 9.7 千米，为防护堤。

以上堤防形成的过程和时间，均有所不同，现分述如下：

孟州市大堤。孟州市西南 3.5 千米曹家坡，原有小金堤一道，
创筑于元代。清乾隆时期，因河势北移、陡涨，虽经整修，而陆
续塌没。嘉庆年间，为控制河势，免除灾患，新筑堤近 2 千米，
称为新小金。目前，孟州市的 15.6 千米的临黄堤，即在新小金
堤及护城堤的基础上修建起来的。

温县大堤。明天启年间，温县城南有护城堤一道，久渐倾圮。
乾隆二十三年（1758 年），温县知县王其华率众在此筑堤 1.2 千米，
称为王公堤。民国五年（1916 年），自孟州市至温县修堤 20 千米。
1935 年由河南河务局投资修民埝一道，称为赵庄民埝，上自平皋，
下接武陟大堤，现为温县临黄大堤的组成部分。

武陟大堤。乾隆年间，武陟县城南有民修拦黄堰一道。嘉庆后，
因河势逐渐北移、下延，官方多次增修拦黄堰。至道光五年（1825
年），拦黄堰总长近 14 千米。现东唐郭以下至方陵的临黄堤，即
在过去拦黄堰的基础上形成的。

武陟沁河口以下至詹店约 10 千米，在康熙末年以前尚无堤
防。雍正元年（1723 年）始接筑成遥堤，以防大河旁泄。同时，
把秦厂大堤的南尾堤接筑到遥堤，北尾接筑到荥泽大堤，作为前
卫，此即现在白马泉至詹店的临黄堤。前者的遥堤已废，所谓秦
厂大坝，为康熙末年马营决口时，在口门外滩上所筑的堵口大坝。

京广铁路桥北端至北裹头的防护堤是 1960 年修花园口枢纽
时所筑的北围堤。

原阳、封丘大堤。原阳上界至封丘鹅湾的临黄堤，最早为明
弘治年间户部侍郎白昂所筑。此后经不断修缮、加固，延续至今。

太行堤。长垣大车集至延津魏丘集，总长 44 千米，实际上只管理到封丘黄德（0+000～32+700,引自《新乡地区黄河志》；《河南黄河防汛资料手册》为 0+000～33+000），主要利用近 33 千米（《河南黄河志》为"34 千米"）。始建于明弘治年间，为刘大夏治河时所筑。至清代又多次加修。1956 年第二次大复堤时，对堤身残缺严重的近 33 千米太行堤进行了补残加固。延津县境太行堤，因无治河管理机构，未进行加固修缮。魏丘集以上太行堤因损毁严重，难见堤形，而未统计在内。1961 年，实施了锥探灌浆。1974 年第三次大复堤后，按北岸长垣临黄堤的大车集村 0+000 桩号的设计水位，以万分之一倒比降向上游反推水位，王堤口以下堤顶超高洪水位 2.5 米，王堤口以上为 2 米，实际加培大堤长 21978 米（《河南黄河志》）。1983 年，对长垣县境内的 22 千米堤段进行了培修。2000 年，安排培修 10 千米。

长垣至台前大堤。是在铜瓦厢决口改道后所修民埝的基础上修筑而成的。

贯孟堤。是 20 世纪 20 年代由华洋义赈会资助修建的工程。原计划由贯台一直修至孟岗，把这段大堤之间的缺口全堵起来，防止黄河水倒灌，故名贯孟堤。但因天然文岩渠在此区间内流入黄河，别无出路，只修到茅芦店就停工了。人民治黄后，多次进行培修加固。

北金堤。东汉王景治河时所修。原为东汉故道的南堤。铜瓦厢决口改道后，因该堤位于现行河道以北而得名。光绪元年，对久废的金堤进行了修复，以后多次培修加固，现为北金堤滞洪区的主要屏障。

三、沁河堤防沿革

沁河发源于山西省平遥县黑城村，自北而南过沁潞高原，穿太行山自济源五龙口进入冲积平原，于河南省武陟县流入黄河。河长 485 千米，流域面积 13532 平方千米。五龙口至沁河口，长 90 千米，为下游河段。与黄河干流下游河道相似，也是"地上河"（河床一般高出两岸地面 2 ~ 4 米，武陟县木栾店附近临背河悬差 7 ~ 10 米），历史上决口泛滥频繁，素有"小黄河"之称。

最早的沁河堤防，是沿河群众在围村民堰的基础上逐渐连接而成的，谓之"民堤"。

官方有组织地筑堤，始于金代。《金史·王兢传》记载，金天眷年间（1138 ~ 1140 年）王兢任河内（今沁阳市）令时，"沁水泛滥，岁发民筑堤"。明清两代，有关修筑沁河堤防的记载逐步增多。至康熙四十二年（1703 年），沁河两岸堤防已初具规模。据记载，这时南岸有堤防 81.2 千米，北岸 77.8 千米。其中，由官方组织修筑并管理的"官堤"仅 15 千米，更多的为"民修民守"。

光绪九年（1883 年），河内、武陟两县沁河堤防，改为"官督绅办"，每年由司库各发岁修银一万二千两。民国二年（1913 年）又改为"民修民守"。民国八年，沁河堤防开始划归河南河务局统一管理。

中华人民共和国成立后，1949 ~ 1983 年对沁河进行了 3 次大规模复堤。1981 ~ 1983 年完成杨庄改道工程，新修右堤 2417 米，左堤 3195 米。1983 ~ 1984 年右岸大堤由沁阳伏背向上延伸 10.6 千米至济源五龙口，沁堤总长增至 161.4 千米。其中，左堤长 76.1 千米，右堤长 85.3 千米。(沁阳左岸有龙泉、杨华、丹河口共 3 处无堤缺口，长 8.7 千米,平时由缺口汇流沁北支流来水,大水时由此溢洪滞蓄洪水)。

附录五

王化云在黄河治理方略上的探索与实践

王化云，是人民治理黄河事业的先驱者、著名治黄专家，也是黄河学研究的最早倡导者。在其主持治黄工作的 40 年中，认真研究古今治河经验，向人民学习，走遍了大河上下，调查研究，积极探索黄河规律，提出了"宽河固堤""蓄水拦沙""上拦下排，两岸分滞"等一系列治河主张，为确保黄河岁岁安澜、促进黄河治理开发事业的发展作出了卓越贡献。

一、宽河固堤——新中国成立初期实施的治河方略

黄河下游要实行"宽河固堤"的方略，是王化云在 1955 年提出的。这年他在《九年的治黄工作总结》一文中强调指出："总结治河历史经验，我们认为在治本前对下游治理方策，不应沿用'束水攻沙'，而应采取'宽河固堤'的方策，九年的治河实践证

明这个方策是正确的。""宽河固堤，就是黄河要宽，堤防要巩固，即在干流不存在有效的控制性工程之前，仍有可靠的排洪排沙手段。"王化云还进一步指出："即使上、中游有了控制性工程，宽河固堤仍然是今后黄河下游防洪长期的指导思想。"可以想见，"宽河固堤"方策的提出，是建立在人民治理黄河后长期的实践基础之上的，并有着很深的历史渊源。

"宽河"的目的就是要尽可能大的发挥下游河道的蓄洪能力，尽可能多地蓄滞洪水，以确保洪水的安全下泄。遇超标准洪水时，还要利用分滞洪工程来调节、分流洪水，保证防洪安全。采取的措施主要包括：废除河道内民埝、生产堤，扩大河道行洪能力；在黄河两岸开辟滞洪区，如北金堤、东平湖滞洪区等，以防御异常洪水；窄河段展宽以及河道整治等。

"宽河"，也是根据黄河下游洪水、河道的自然特点而实施的。由于历史和自然的原因，下游河道成为一条上宽下窄的地上"悬河"，加之黄河下游洪水具有峰高量小的特点，花园口以下无大支流汇入，宽河段在洪水时具有明显的滞洪削峰和调节泥沙的作用。而这一点对于减轻窄河段的防洪负担也是十分重要的。另外，洪水漫滩后，通过水流横向交换，泥沙大量淤积在滩地上，主槽发生冲刷，"淤滩刷槽"使滩槽高差增大，河势归顺，排洪能力加大，对防洪则更加有利。

"固堤"是历史经验的总结，目的就是要减少和杜绝堤防决口带来的严重危害。新中国成立初期采取的主要措施有：培修堤防，通过不断加高培厚堤防逐步提高其抗洪能力；石化险工，将历史遗留下来的秸埽工程一律改为石坝；锥探及捕捉害堤动物来消除堤身隐患等。时至今日，如何利用新技术、新材料来加固堤防仍是研究的重点，并取得了可喜的成绩。

"宽河固堤"治河方针的正确实施，为迎战历次洪水打下了坚实的基础，特别在战胜1958年的大洪水中发挥了重要作用。20世纪50年代，是黄河的丰水期。在中华人民共和国成立后的70余年中，花园口站实测流量大于10000立方米每秒的洪水共有12次，其中发生在50年代的就多达9次。在党中央、国务院和各级党委、政府的正确领导下，在广大军民和治黄职工的共同努力下，确保了洪水的安全下泄入海。

1958年发生的22300立方米每秒特大洪水，是新中国成立以来的最大一次洪水，也是有记录以来的最大洪水。据测算，河南宽河道在洪水演进过程中起到了重大削峰作用。花园口到孙口河段长320千米，漫滩水深一般近2米，最大达4米以上，槽蓄量23亿立方米，洪峰流量由花园口22300立方米每秒到孙口削减为15900立方米每秒；东平湖最大入湖流量9500立方米每秒，调蓄水量9.5亿立方米，到艾山洪峰流量削减到12600立方米每秒，自然削减洪峰明显。因此，"宽河"方策是同黄河洪水特性相适应的，是完全正确的。"固堤"措施的成效也十分显著。这次大水，10000立方米每秒以上的洪水持续时间长达89小时，但堤防、险工的出险次数和抢险用料与1949年花园口站洪峰流量12300立方米每秒大水相比，均要少得多。

二、蓄水拦沙——黄河治本的艰难探索

1952年,在王化云撰写的《关于黄河治理方略的意见》(该文写成后报送中共中央农村工作部,并由部长邓子恢报呈中共中央主席毛泽东)中,首次明确提出了"除害兴利,蓄水拦沙"的治河主张。期望通过修筑干、支流水库,同时在西北黄土高原上进行大规模的水土保持,造林种草,把泥沙和水拦蓄在高原上、沟壑里,以及干支流水库里,最终实现黄河"除害兴利"的目的。1953年,王化云进一步提出黄河治理"采取的主要办法是将泥沙留在上游,不让它冲到河里去。至于水呢,我们却储藏起来,让它在干燥的中上游区域发挥最大的作用。"也是这一年,王化云在向中央领导的呈文中提出以"一条方针,四套办法"为今后根治黄河的方策。"一条方针",即"蓄水拦沙";"四套办法",是在干流上建大水库,在较大的支流上建中型水库,在小支流上建小水库,并加强中上游的水土保持工作。(见《王化云治河文集》)时任政务院副总理的邓子恢同志在听取治黄汇报时,对这一方策给予肯定,并归纳为"节节蓄水,分段拦泥"。同年,毛泽东在河南视察时,听取了治黄汇报。在谈到黄河中上游水土保持工作时,毛主席说在西北黄土高原修建小水库"不是几千个,要修几万个、十几万个才能解决"。

这一时期,黄河水利委员会还组织开展了大规模的黄河治本调查和研究工作。至1954年,黄河治本研究已取得了可喜的成绩。水文工作,不仅在黄河上下建立了数百处水文站、水位站、雨量站,而且完成了1919~1952年的黄河水文资料整编及历史洪水的

调查工作。先后组织 32 支勘测队对干支流河道进行查勘，查勘面积达 42 万平方千米，流域测量完成 3.3 万平方千米。泥沙研究、地质钻探等也取得了实质性的进展。正是这些基础工作的扎实开展，世人对黄河灾害的根源有了初步的认识，治黄思路也日渐清晰起来，并着手进行第一部黄河治理开发规划的编制工作。

1955 年，全国人大一届二次会议在北京召开。以"除害兴利，蓄水拦沙"为主要内容的《关于根治黄河水害和开发黄河水利的综合规划报告》，在这次大会上形成决议，正式通过。

三门峡水利枢纽工程作为实施"蓄水拦沙"方略的标志性工程，于 1957 年开工，3 年后建成。但在蓄水运用后，很快就出现了库区淤积的问题。渭河入黄口形成"拦门沙"、库区"翘尾巴"等严重危及陕西关中平原的防洪安全。因此，从 1962 年汛期开始，水库的运用方式不得不由"蓄水拦沙"改变为"蓄洪排沙"。人们对黄河治理的长期性、复杂性也有了更深刻的认识。

历史的角度看，"蓄水拦沙"方略期望通过水土保持、支流拦泥水库和干流三门峡水利枢纽等三道防线，把黄河的洪水、泥沙拦蓄在上中游，以解除下游的防洪负担，并使黄河下游变清，其明显失误在于对黄河泥沙的客观规律认识不足。

当然，"蓄水拦沙"方略的形成也与当时人们对解决黄河问题的要求过于迫切有关。一方面，"宽河固堤"方略的正确实施，不仅连续多年取得了防大汛，抗大洪的胜利，而且也在某种程度上造成了对下游防洪问题认识上的错觉，认为这一问题已基本解决，加快中上游的治理就能够确保黄河的长治久安。另一方面，对水土保持及干支流水库的拦蓄洪水、泥沙的效果估计得过于乐观。结果是水土保持未能达到预期的减沙效果；支流拦泥水库因代价太高，大多不能修建；三门峡工程也因淤积严重而不得不改变运用的方式，从而给黄河的治理工作造成了被动，带来了影响。

三、上拦下排，两岸分滞——黄河防洪问题的再认识

1963年，王化云在《治黄工作的基本总结和今后的方针任务》中，总结了人民治理黄河17年来的主要工作及经验教训，从失误和挫折中认识到"黄河治本不再只是上中游的事，而是上中下游整体的一项长期艰巨的任务""下游也有治本任务"。明确指出"在上中游拦泥蓄水，在下游防洪排沙，即上拦下排，是今后治黄工作的总方向"。

1964年，结合三门峡水库存在的问题，王化云撰文认为过去对泥沙的处理"过分强调了拦"，而忽视了适当的"排"，并从多个方面指出了它的问题和不足。如对三门峡水库的淤积以及对水库上游的影响缺乏详细研究等。因此，他认为："今后治好黄河必须加强水土保持工作，必须修建拦泥工程与三门峡开洞（指三门峡工程改建）同时并举，必须充分利用下游河道的排沙能力，全河统筹，各方兼顾，有拦有排，全面有效地解决洪水和泥沙问题，为除害兴利打下基础。"关于下游如何很好地解决排洪、排沙问题，王化云建议："必须首先采取巩固堤防、整治河道、稳定主河槽的办法，保持河道防洪排沙能力；同时兴建洛、沁河水库，防洪蓄清，以清刷黄；在有排水条件的地区，适当举办一些放淤工程，

以增加生产，巩固堤防；研究河口治理"等。

1975 年 8 月，淮河流域发生了一场罕见的特大暴雨，给国民经济和人民生命财产带来了重大损失。根据气象资料分析，这样的暴雨完全有可能降落到三门峡以下的黄河流域。黄河防洪问题再一次引起了党中央、国务院的高度重视。遵照国务院领导关于严肃对待特大洪水的批示，1975 年 12 月中旬水利电力部在郑州主持召开了黄河下游防洪座谈会。会议认为，黄河下游花园口站有可能发生 46000 立方米每秒洪水，建议采取重大工程措施，逐步提高下游防洪能力，努力保障黄、淮、海大平原的安全。会后，水利电力部和河南、山东两省联名向国务院报送了《关于防御黄河下游特大洪水的报告》。

《报告》指出，当前黄河下游防洪标准偏低，河道逐年淤高，远不能适应防御特大洪水的需要，"拟采取'上拦下排，两岸分滞'的方针，即在三门峡以下兴建干、支流工程，拦蓄洪水；改建现有滞洪设施，提高分洪能力；加大下游河道泄量排洪入海。"《报告》规划的工程措施有：在黄河干流上修建小浪底水利枢纽工程；在洛河上兴建故县水库，在沁河上修建河口村水库；改建北金堤滞洪区，加固东平湖水库，增大两岸分滞能力。为适应处理特大洪水的需要，并保证分洪安全可靠，要新建濮阳渠村和范县邢庙两座分洪闸，废除石头庄溢洪堰，并加高加固北金堤。为防止黄河、沁河并溢，沁河下游在武陟境内改道，即杨庄改道工程。此外，还有坚决废除生产堤，清除行洪障碍，以及加速实行黄河施工机械化等一系列措施。1976 年 5 月，国务院以国发 [1976]41 号文件进行了批复。自此，"上拦下排，两岸分滞"正式成为指导黄河治理，特别是黄河下游防洪工程建设的重要方针。

四、"'上拦下排、两岸分滞'控制洪水；'拦、排、放、调、挖处理和利用泥沙'"——黄河治理开发的新探索

治河的根本在治沙。在重视黄河下游防洪问题的同时，对泥沙问题的处理亦是关注的重点。而 20 世纪六七十年代黄河下游河道泥沙淤积的加重，则进一步引起了人们对这一问题的重视。据当时测量分析，短短几年间，下游河道淤积高达 22 亿吨，平均每年淤积 7.5 亿吨，比建国初期每年平均淤积 4 亿吨增加了将近一倍。泥沙淤积增多，直接影响到下游的防洪安全。一是河槽淤高，河道排洪能力下降；二是河槽摆动加剧，极易形成"横河""斜河"威胁大堤等。

研究这一变化，主要与该阶段黄河的来水、来沙情况有关。一方面，这几年黄河中上游地区偏于干旱，另一方面有限的降雨又过于集中。而降雨过于集中，冲刷加重，就容易形成高含沙水流。下游则呈"枯水多沙"，势必加重河道的淤积。另外，由于刘家峡水库的建成运用，上游引水灌溉增加的同时，也相应减少了下泄的水量，从而进一步加剧了这一情况的发生。上游来水少，中游泥沙多，下游"小水带大沙"，河道淤积自然难以避免。当然，三门峡水库改建后运用方式变了，对下游河道淤积也有影响，但并不是主要原因。

有了以上的认识和总结，1972 年王化云撰文强调，要解决黄河泥沙，就必须以积极的态度正确看待泥沙的淤积。他认为黄河泥沙有"功"亦有"过"。华北大平原的形成、下游农业的自流灌溉等，即为其"功"。1986年王化云在《辉煌的成就，灿烂的前景——纪念人民治黄四十年》一文中又概括提出了"拦、用、调、排"的治沙思想。同时他还认为，从黄河的特点出发，今后治理黄河主要还得靠干流。拟建的小浪底、碛口、龙门（后改为古贤）、大柳树水库，连同已建的三门峡、刘家峡、龙羊峡共七大水库，是黄河干流上对水沙调节有重要作用的骨干工程。"拦"（拦水拦沙）、"用"（用洪用沙，即引黄放淤）、"调"（调水调沙以及南水北调）、"排"（排洪排沙），其中哪一项也离不开七大水库的重要作用。七大水库建成后，连同伊河、洛河、沁河支流水库，全河即可形成比较完整的、综合利用的工程体系，实行统一调度，调水调沙，充分利用黄河水沙资源，发挥最大综合效益。

正是建立在王化云对黄河洪水、泥沙科学认识和总结的基础上，1997年编制完成的《黄河治理开发规划纲要》中提出："黄河治理开发应采取'拦、排、调、放、挖，综合治理'的方略，全面规划，标本兼治，远近结合，妥善解决泥沙问题；采取'上拦下排，两岸分滞'的方针，可以有效控制洪水。"此后，针对黄河面临的新情况、新问题，不断完善，在2002年7月国务院批复的《黄河近期重点治理开发规划》中进一步明确解决黄河三大问题的基本思路，即在防洪减淤方面为"'上拦下排、两岸分滞'，控制洪水；'拦、排、放、调、挖'，处理和利用泥沙。"在水资源利用及保护方面为"开源节流保护并举，节流为主，保护为本，强化管理"。在水土保持生态建设方面为"防治结合，保护优先，强化治理"。

按照此方略，自1998年起黄河水利委员会组织开展了大规模的工程建设，重点以放淤固堤、险工加高改建和修筑截渗墙，以及堤防险点消除等工程技术措施，不断强化和巩固堤防在黄河防洪中的作用。同时，为控制河势、规顺主流，减小洪水对堤防险工的威胁，建设了大量的河道整治工程。为解决黄河滩区在防洪迁安方面存在的突出问题，又建设了一大批滩区安全工程。

随着小浪底水利枢纽工程的建成运用，在新的世纪黄河水利委员会组织开展了黄河水量调度和调水调沙。2003年以建设防洪保障线、抢险交通线和生态景观线为目标，开始实施大规模的标准化堤防工程。至2009年，九次调水调沙为处理黄河泥沙、维持黄河健康生命产生了明显效果。黄河下游共冲刷泥沙3.56亿吨，河道主槽最小过洪能力由2002年以前的1800立方米每秒提高到目前的3880立方米每秒。连续10年的黄河水量调度，不仅实现了黄河不断流的治理目标，还确保了沿黄两岸工农业的生产生活用水，生态环境也得以明显改善。

五、结语

黄河的治理将是长期的、复杂的、艰巨的，需要我们大胆探索，勇于创新。正是在党中央、国务院的高度重视下，在王化云等老一辈治黄工作者的辛勤努力下，黄河治理才取得了70余年岁岁安澜的辉煌成就。今天，随着我国综合国力的不断增强，对黄河治理开发的要求也越来越高。要"让黄河成为造福人民的幸福河"，实现长治久安，就必须在科学发展观的指导下，认真研究解决黄河出现的新情况、新问题，也必须科学地总结黄河治理的历史经验和教训。而学习和总结王化云在黄河治理方略上的探索和实践，积极开展黄河学研究，目的也正在于此。